崔钟雷 主编

知識出版社

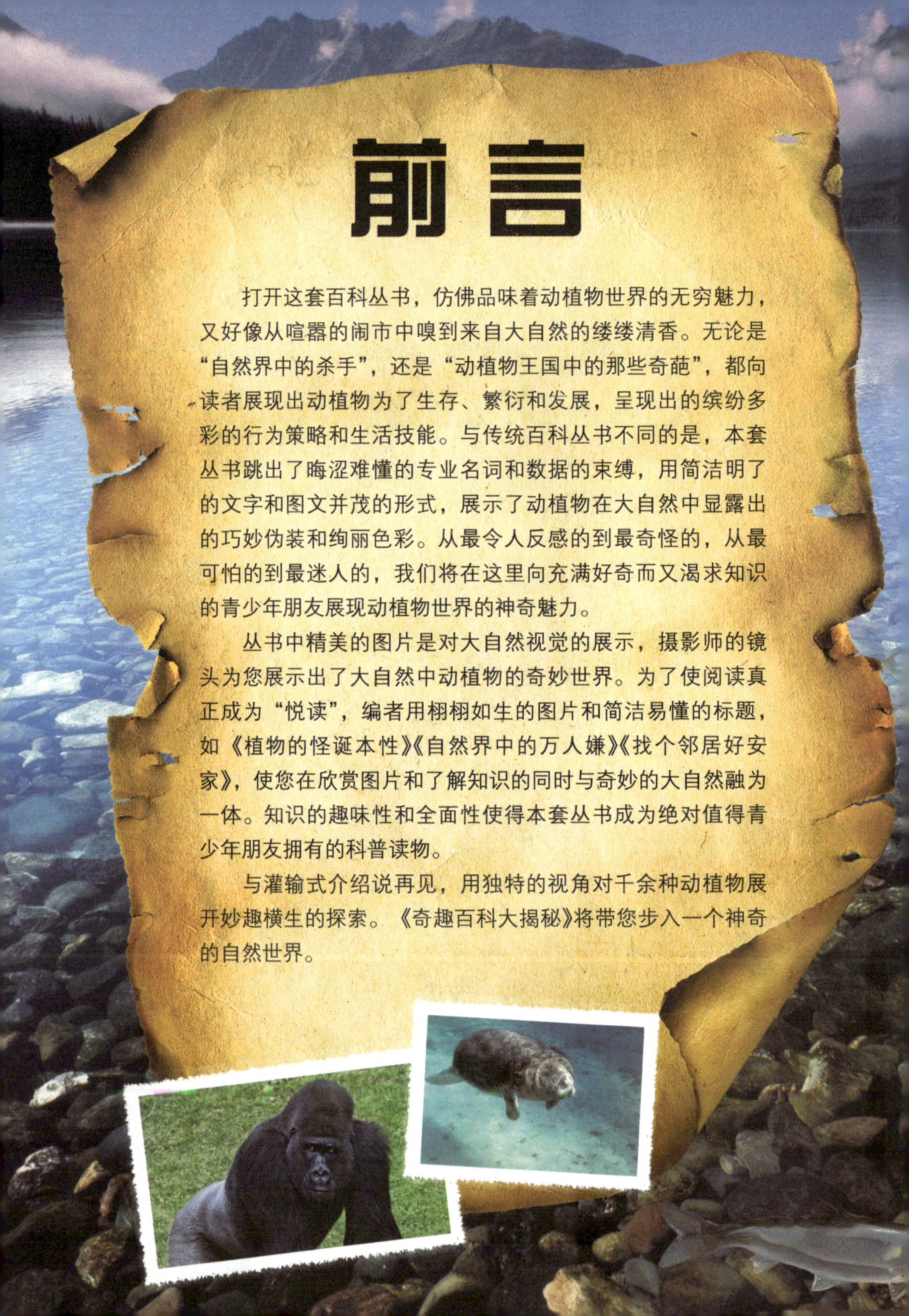

前言

打开这套百科丛书，仿佛品味着动植物世界的无穷魅力，又好像从喧嚣的闹市中嗅到来自大自然的缕缕清香。无论是“自然界中的杀手”，还是“动植物王国中的那些奇葩”，都向读者展现出动植物为了生存、繁衍和发展，呈现出的缤纷多彩的行为策略和生活技能。与传统百科丛书不同的是，本套丛书跳出了晦涩难懂的专业名词和数据的束缚，用简洁明了的文字和图文并茂的形式，展示了动植物在大自然中显露出的巧妙伪装和绚丽色彩。从最令人反感的到最奇怪的，从最可怕的到最迷人的，我们将在这里向充满好奇而又渴求知识的青少年朋友展现动植物世界的神奇魅力。

丛书中精美的图片是对大自然视觉的展示，摄影师的镜头为您展示出了大自然中动植物的奇妙世界。为了使阅读真正成为“悦读”，编者用栩栩如生的图片和简洁易懂的标题，如《植物的怪诞本性》《自然界中的万人嫌》《找个邻居好安家》，使您在欣赏图片和了解知识的同时与奇妙的大自然融为一体。知识的趣味性和全面性使得本套丛书成为绝对值得青少年朋友拥有的科普读物。

与灌输式介绍说再见，用独特的视角对千余种动植物展开妙趣横生的探索。《奇趣百科大揭秘》将带您步入一个神奇的自然世界。

目录
CONTENTS

它们可能成为建筑大师

它们是令人叹服的“数学天才”

它们是动物界的口技大师

目录
CONTENTS

它们可以“死而复生”

它们是“科技达人”

奇趣百科大揭秘

QIQU BAIKE DAJIEMI

它们可能成为建筑大师

人类的摩天大楼虽然很壮观，但说到真正壮观的高层建筑物，我们还得去动物王国里寻找。接下来，我们将为你介绍动物王国的众多建筑高手。

白蚁建筑师们能设计出非常科学的房屋功能分区，比如“空调系统”、带顶的过道和花园，等等。不过它们的建筑物是没有窗户的，因为白蚁生下来就看不见东西。

自然界的“推土机”

在非洲的大草原上，生活着这样一批“建筑师”：它们才华横溢，却甘于寂寞；它们把“传奇”留给草原，把惊叹留给世人，把“低调”留给自己。它们就是伟大的白蚁建筑师们。

白蚁的建筑颇有些哥特式建筑的风格，整个建筑笔直挺拔，高耸瘦削，又带些神秘与苍凉。

智多星训练营

白蚁建筑师们的建筑工序是极为复杂的。它们首先要准备建筑材料，在“物资紧缺，竞争激烈”的建筑界，谁降低了建筑成本，谁就会获得最大的“收益”。白蚁显然深谙此道，它们用唾液、泥土和粪便的混合物作为建筑材料。这种建筑材料也许不够干净，但是它所构建的城堡却极为坚固。

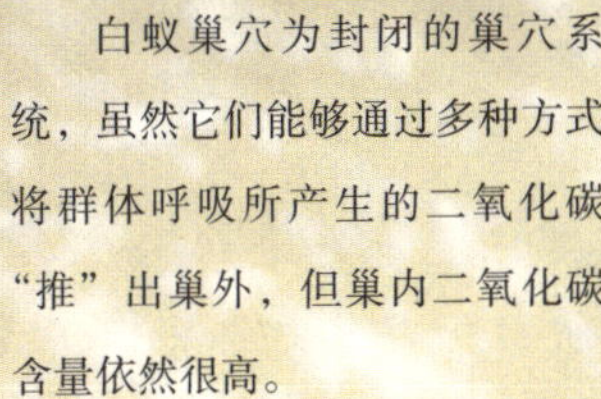
白蚁巢穴为封闭的巢穴系统，虽然它们能够通过多种方式将群体呼吸所产生的二氧化碳“推”出巢外，但巢内二氧化碳含量依然很高。

白蚁建筑的“大厦”是动物界的摩天大楼，最高可达6米。如果把白蚁等比放大成人类的大小，那么它们的建筑作品的高度将是美国帝国大厦的4倍。但是，白蚁并不喜欢奢华的生活，它们更喜欢在“摩天大楼”的地下室里生活。

海狸：建造自然界最长的水坝

说到大型建筑，没有什么能与大坝相比，而在自然界中，有一种动物生来就是建造大坝的天才，它就是建筑界的泰斗——海狸。海狸喜欢待在水里，为了安全起见，它们会孜孜不倦地用树枝、石块和软泥垒成堤坝，建一个人工湖，然后把家安在那里。海狸建筑大坝的历史可以追溯到500万年前，它们建造的大坝长度可达300米，而且，它的坚固程度足以抵挡一辆家用汽车的冲撞。这个住所就像是城堡，而周围的护城河则是海狸的花园，里面满是它们喜爱的各种食物。

很多人以为，海狸的尾巴是它们游泳的动力来源，但实际上它只是方向舵，并不是推进器。

海狸的锋利牙齿威胁着所有的树木，它们能在15秒钟之内将一根擀面杖粗的木头咬断。依靠这种凿子一般锐利的牙齿，这些动物仅在一个冬天就能够毁掉几百棵树木。

智多星训练营

海狸一直努力生活，哪怕是在环境极为恶劣的情况下，也决不低头。当栖息地的水位下降时，海狸会用树枝、泥巴等筑坝蓄水，以保证洞口隐藏于水下，防止天敌侵扰。为此，它们甚至不惜挖开长达百米的运河。

海狸完全可以充当水中的拖船，因为它们的水性好得惊人，它们能拉着大木头在水中游泳，而且它们有四套唇缘，既可以用牙齿携带东西，又能避免水倒灌进嘴里。

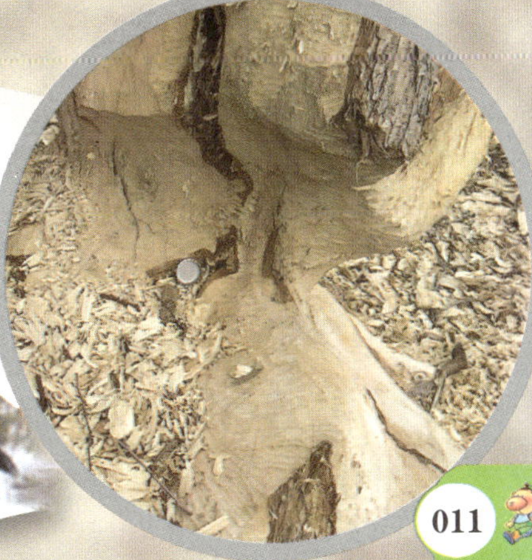

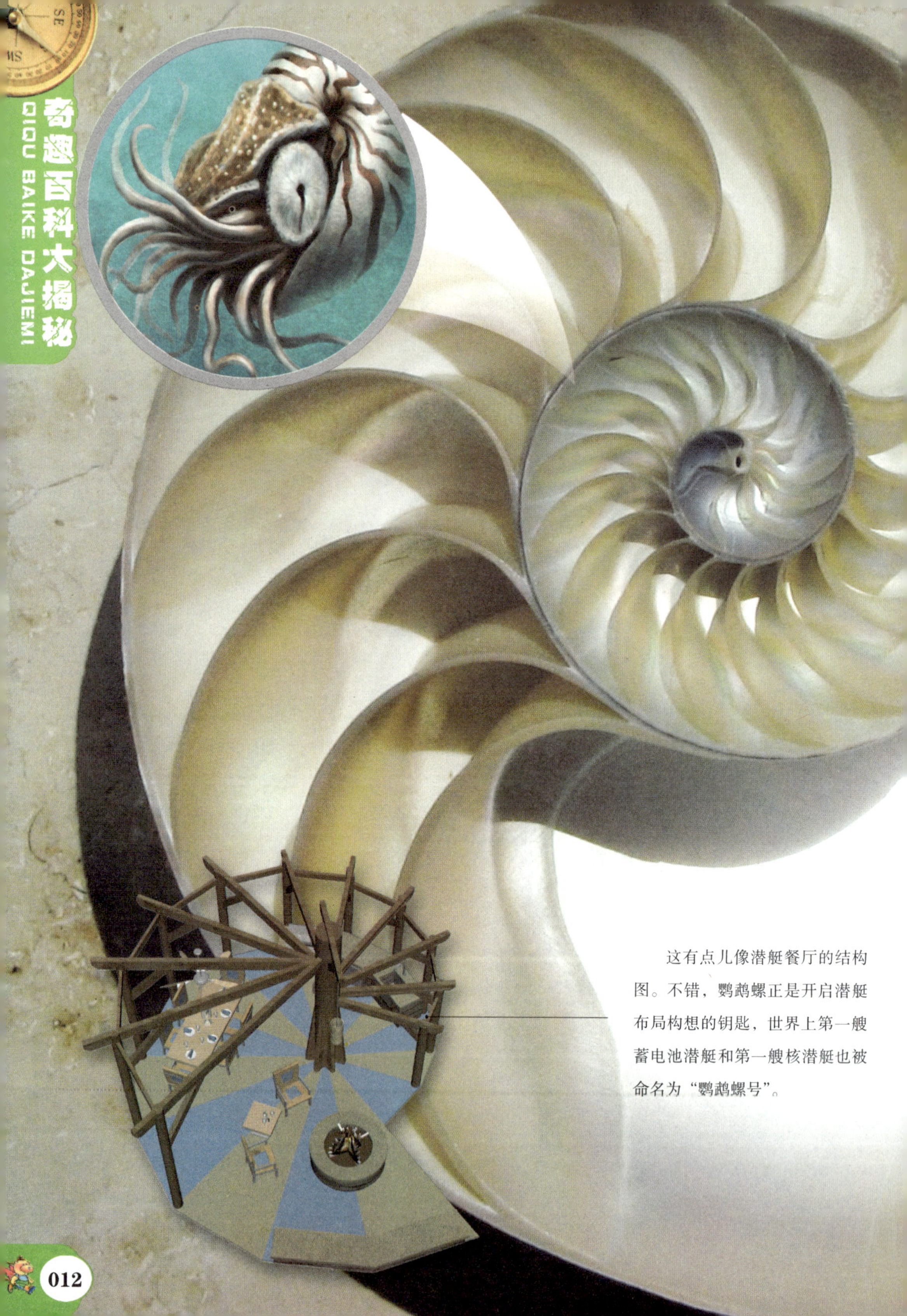

这有点儿像潜艇餐厅的结构图。不错，鹦鹉螺正是开启潜艇布局构想的钥匙，世界上第一艘蓄电池潜艇和第一艘核潜艇也被命名为“鹦鹉螺号”。

被截剖的鹦鹉螺，像是一个旋转的楼梯，又像一条百褶裙，一个个隔间由小到大顺势旋开。

自备房子的鹦鹉螺

没人能在深海中建造房屋，除非他毫不惧怕来自海水的巨大压力。因为每下潜30米，就要多承受20千克的压力。不过，有一类建筑师却是个例外，它就是鹦鹉螺。鹦鹉螺是天生的建筑师，它们的“建筑杰作”——由其体内分泌出来的碳酸钙而形成的外壳，坚硬无比，足以抵挡海水的挤压。鹦鹉螺的壳光滑，卷曲，呈螺旋状，直径约25厘米，内部约分36室，最末一室为躯体所居。各室间有一管相连，可调节壳室中气体量。鹦鹉螺通过排出壳室内的水向前推进，可以像潜艇一样悬浮在水中，非常神奇！

智多星训练营

鹦鹉螺大师的设计方案：

目的：设计36个独立的居室。

定位：36个居室中最大的为主卧，其余的为客房。

构造：居室——隔板（贯穿一细管，输送气体）——居室——隔板（贯穿一细管，输送气体）——居室……

运行：成本为0，因为它不需要任何建筑材料，顺应自然，慢慢成长即可。

水上豪宅的建筑者——灰树蛙

灰树蛙的住所真可谓是水上豪宅。它建筑的大厦安全性强、透气性好，最主要的是可以透过墙壁、屋顶观赏到大自然的风光。这座大厦其实就是漂浮在水面上的气泡。它看起来有些简陋，甚至有些微不足道，但这却是灰树蛙母亲为孩子用心打造的爱巢。大厦的原材料来自母体。雌蛙在排放卵子让雄蛙授精时，皮肤会分泌出一种泡沫状液体，这些泡泡就像混凝土一样成为蛙卵可以遮风避雨的安乐窝，几个星期后，用泡泡造的房子开始溶解，小宝宝就能安全坠入水中了。

灰树蛙喜欢栖息在树上，一般都不会离开固定水源太远。在下雨的晚上，它们时常会在池塘的浅水区中鸣叫。

智多星训练营

把房子建在哪儿比较合适，一直是建筑师的苦恼，灰树蛙也不例外。所以对于灰树蛙来说，交配是一件很麻烦的事，因为它们需要在繁殖的同时大兴土木。诚然，有些同类把卵藏在森林植被的下面或者其他湿润而又安全的地方。但是作为一位称职的“母亲”、一名合格的建筑师，灰树蛙必须做出正确的判断，以便为自己的孩子建一个安全而又舒适的房子。于是经过再三衡量、周密筹划，灰树蛙把房子建在了水上。

灰树蛙是因其身体的主要颜色为灰色而得名的。它们的身体呈浅灰或深灰色，或是呈浅灰色加上深灰色、黑色、黄色或绿色的斑纹。

类人猿遇到了难题，它发现了一个蜂巢，但它的长手指怎么也够不到蜂蜜。怎么办呢？最好的办法就是制作一个提取蜂蜜的工具，虽然工具很简单，但也极少有动物能够制作出来。

类人猿是最勤劳的床铺搭建者

跟其他建筑师的爱好不同，类人猿喜欢搭床。它们每天都在森林里穿行，居无定所，所以不得不每天搭一张新床。于是常常出现这种情况，我们伟大的建筑师们，忙完一天的工作，打算休息时，发现自己无意中来到一个新环境，它就不得不另找一棵新树，然后开始编织一张新床。据科学统计，类人猿一生要搭1.5万多张床，完全配得上“最勤劳的床铺搭建者”的荣誉称号。

智多星训练营

类人猿对未来显然是没有计划的，不然它不会只满足于做世界上最勤劳的床铺搭建者。它们完全有能力打一场漂亮的翻身战，进而从某些人类的压迫中解放出来。试想，若是类人猿大师开始对建筑房屋感兴趣，那么这个世界又会怎样呢？到处是类人猿的房子，它不满意空间的狭小，走出丛林开始与人类争夺土地……这将是另一个世界的序言。

类人猿在牙齿的数目与结构、眼的位置、外耳的形状、血型以及怀孕时间和寿命长短等方面与人类十分相近。

为爱筑巢的雄性园丁鸟

它是大自然的骄傲，它创造了世界上最华美的爱的小屋，科学家们也为它高超的建筑技巧与多变的建筑风格而倾倒。它既是伟大的建筑师，又是优秀的室内设计师。它就是雄性园丁鸟。

雄性园丁鸟的爱巢以树枝为主要建筑材料，以蜗牛壳、羽毛、花朵或真菌类植物等小物件做辅助材料。如果附近有人类居住，它会寻找一些玻璃、瓶盖、纸片、破布、金属丝、彩色毛线之类的东西，把它们添加到其精心建造的小屋里去。为了讨爱人的欢心，它们还会选取与爱人羽毛颜色相近的物品做装饰。是的，没有哪种鸟像它一样，能够编织出美妙绝伦的巢穴，献给自己的亲密爱人。

看看这只雄性园丁鸟，带雌鸟去它的巢穴，然后用嘴衔着树枝，仿佛在展现自己的力量。

智多星训练营

雄性园丁鸟才华横溢，它们不仅会筑巢，还会建造美丽的凉亭，更别提室内装潢了，那更是它们的强项。就是这样一群为造物主所青睐的建筑师，为了能够成功地吸引雌性，居然走上了“同类相残”的道路。它们会从其他雄性园丁鸟的巢里偷东西，或者破坏其他雄鸟的巢。当然这所有的一切都得归结为一个亘古不变的主题——“因为爱情”。

雄性园丁鸟显然喜欢收集各种漂亮的物品，比如甲虫翅、羽毛、蘑菇，甚至是一个毫不起眼的瓶盖。

隧道建筑大师——草原犬鼠

草原犬鼠是美国的“常住居民”，在美国人还没有开垦土地的时候，它们已经在那里建立了自己的家园。它们在草原上建造了最棒的小房子，草原上的每个土墩都可能是一所“民宅”，众多的民宅就组成了草原上的犬鼠城市。若你有幸来到地下，你会发现它们的隧道建筑无与伦比。

草原犬鼠以素食为主，食物大多为蔬菜、苜蓿草、莴苣、苹果、豌豆、玉米及其他蔬果，它一天最多可以吃掉5公斤的绿色蔬果。

智多星训练营

草原犬鼠是动物界的大力士。人类历史上最大块头的硬岩钻探机每天能够从岩石中钻出18米长的隧道，它重达900多吨，需要25个人共同驾驭才能正常运转。然而，草原犬鼠不需要任何工具就能建造庞大的地下隧道，大力士之名可谓当之无愧。

把这些草原犬鼠的隧道都连接起来，那将是一个地下大都市，那里的居民数量甚至能够让人类大都市里的居民都自愧不如。

瞭望台

草原犬鼠在建造地下居室时，不免要挖出大量的土。这些土被草原犬鼠拿来建造堤坝，以避免雨水流进它们温暖的小家。这个堤坝还是一个天然的瞭望台，毕竟草原上存在着很多危险。

建筑技术高超的棕灶鸟

拥有高超建筑技术的南美洲棕灶鸟是鸟类建筑师中的翘楚。它们建造的“家”温暖舒适，坚固无比，是所有鸟巢中独一无二的杰作。它们先在水平的粗树枝上、栅栏的柱子上或房顶上，用混合了粪便的大块黏土打地基，然后砌墙，垒出圆形的巢顶。棕灶鸟的建筑像圆圆的炉子一样，有椭圆形的巢门，室内铺着柔软的“地毯”。巢墙在阳光的“烘焙”下，变得像石头一样坚固，只有用利器才能砸开。

仔细地看，棕灶鸟的建筑跟黄土高原上的窑洞有些类似，可见生存本能是一切生命的共性。

棕灶鸟其貌不扬，以高超的建筑技巧获得盛誉。筑巢用的“建材”是黏土。

智多星训练营

棕灶鸟在建房子之前，首先考察了各个方位的地理情况，然后才选定位置开始筑巢。事实证明，它们是高明的“风水师”，它们最后总是能把巢建在背风并相对安全的地带，这使得它们的建筑既能够经受住恶劣天气的考验，又能躲避掠食者的追捕，成为理想的居住地。

野外露蜂房大多呈灰白或灰褐色，腹面有整齐有序的六角形小孔，背面有一个或几个黑色突起的小柱。

蜜蜂与六角柱状体蜂房

很多人都知道蜜蜂这种可爱的小生物，它们生活在一种忙碌的状态中，是勤劳的建筑大师。却鲜有人知道，蜜蜂还是严谨和

智多星训练营

正六边形的面积：

正六边形各角均为 120°。

可将其切割成两个以 120° 为顶角的等腰三角形和一个矩形。

设六边形边长为a

则矩形另一边长为$\sqrt{3}a$。

$$2S_{\Delta}=2\times\frac{1}{2}\times\frac{a}{2}\times\sqrt{3}a$$

$$S_{矩}=a\cdot\sqrt{3}a$$

$$S_{正六边形}=2S_{\Delta}+S_{矩}$$

$$=\frac{3}{2}\sqrt{3}a^2$$

蜜蜂的蜂房结构非常精巧，仿生学家利用蜂巢结构制造出了工程蜂窝结构材料，广泛地应用于飞机、火箭和建筑物上。

充满斗志的“数学天才”。蜜蜂在建造蜂巢前显然经过了精密的数学运算。首先，蜜蜂蜂房是严格的六角柱状体，六角形的内角为120°，3个六边形刚好可以围成360°，不浪费一点空间。其次，组成底盘的3个菱形的钝角均为109° 28′，所有的锐角为70° 32′，这样既坚固又省料。再次，蜜蜂把蜂房巢壁的厚度设定为0.073毫米，误差极小，使人不得不赞叹蜜蜂的数学天赋。

丹顶鹤的"人"字形迁徙

动物界的另一位数学天才是丹顶鹤。这种动物生活在沼泽或浅水地带，常被人冠以"湿地之神"的美称。它与生长在高山丘陵中的松树没一点儿关系，人们却常把它和松树放在一起，作为长寿的象征。丹顶鹤的数学天赋表现在迁徙的时候。丹顶鹤总是成群结队地迁徙，而且排成"人"字形。"人"字形的角度是110°。更精确地计算后人们还发现，"人"字形夹角的一半——即每边与鹤群前进方向的夹角为54°44′8″。丹顶鹤对数学之美的感知不得不令人赞叹。

丹顶鹤是鹤类的一种，具备鹤类的显著特征，即三长——嘴长、颈长、腿长，因头顶的"红肉冠"而得名丹顶鹤。

智多星训练营

一只小丹顶鹤的疑问：

"为什么我们要排成'人'字形飞呢，为什么我们不能自由地飞呢？"小丹顶鹤疑惑地问妈妈。

"因为咱们在飞的时候，翅膀尖端会产生一股向前流动的气流，这股气流叫作'尾涡'。后面的同伴利用前面的'尾涡'，飞行时要省力得多。同时，排队飞行，还可以防御敌人，相互照应，避免掉队。"丹顶鹤妈妈微笑着说。

"原来是这样呀，我明白了！"

读者朋友们，你明白了吗？

丹顶鹤每年都要在繁殖地和越冬地之间进行迁徙，只有日本北海道的丹顶鹤为留鸟，这大概缘于当地人在冬季给丹顶鹤定期投放食物。

丹顶鹤每年要换羽两次，春末换成夏羽，秋末换成冬羽，属于完全换羽，换羽时会暂时性地丧失飞行能力。

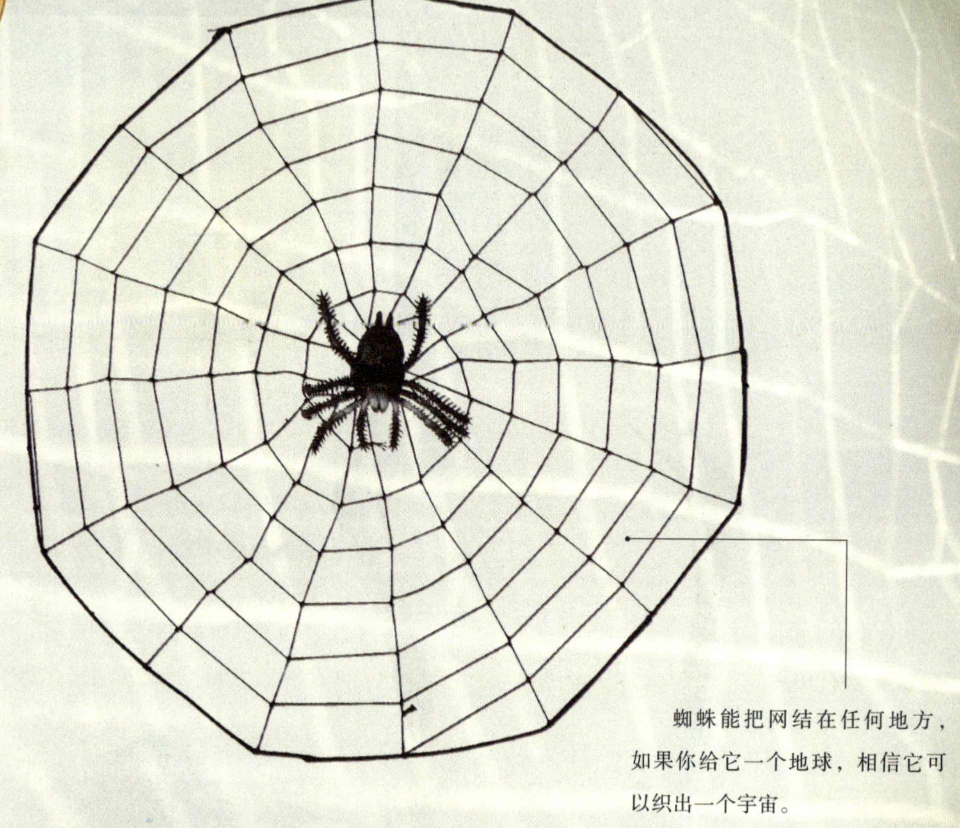

蜘蛛能把网结在任何地方，如果你给它一个地球，相信它可以织出一个宇宙。

对数螺线与蜘蛛网

蜘蛛网既美丽又危险，人们即使用圆规也很难画出像蜘蛛网那样匀称的图案。蜘蛛是怎样创造这项奇迹的呢？事实上，蜘蛛在结网过程中也运用了数学原理。我们仔细观察蜘蛛网就会发现，蜘蛛网由对称的辐线和圆周组成，而构成圆周的线就是蜘蛛拉网时从外圈走向中心的那根螺旋线。螺旋线越接近中心，每周间的距离越近，直到中断。蜘蛛所画出的曲线，在几何中称之为对数螺线。

一般来说，不同种类的蜘蛛引出的辐线数目不相同。丝蛛最多，有42条；有带蜘蛛次之，也有32条；角蛛最少，也达到21条。同一种蜘蛛一般不会改变辐线数。

智多星训练营

大家可别小看了对数螺线，在工业生产中，抽水机涡轮叶片的曲面就是对数螺线的形状，因此每次抽出的水量都是相等的。在农业生产中，把轧刀的刀口弯曲成对数螺线的形状，它就会按特定的角度来切割草料，又快又好。同理可证，蜘蛛利用对数螺线原理编织的蜘蛛网，对于捕捉猎物也是事半功倍。

团成球体的猫

冬天，猫睡觉时总是把身体抱成一个球形，这其间也有数学原理。为了证明喵咪拥有数学天赋，我们先来做几道数学题。我们首先假设猫咪直立时，高是h（猫咪从头到脚的距离），长是a（左肢到右肢的距离），宽是b（猫咪前胸到后背的距离）。常理可知$b < a < h$。

猫的脸颊、下巴、嘴巴两侧布满长长的胡须，胡子根部布满神经，能够觉察到极其轻微的动静。

猫的四趾有脂肪肉质垫，能够减轻从高处落下时的缓冲力。趾端有锐利的爪子，可以自由伸缩，防止爪被磨钝。

猫经常用长有粗糙小突起的舌头舔舐身子，进行自我清洁，去除身上的异味和脏物。

第一题：

如果猫咪平着睡，上肢紧贴在身体的两侧，形成一个长方体，那么我们得出的结论是：猫咪此时的表面积为$S_1=2(ab+bh)+ah$。

第二题

如果猫咪侧着睡，上肢紧贴在身体的两侧，形成一个长方体，那么我们得出的结论是：猫咪此时的表面积为$S_2=2(ab+ah)+bh$。

猫属于夜行性动物，为了在夜间能够看清东西，需要补充大量的牛磺酸，而鱼和老鼠体内富含这种物质，所以猫吃鱼和老鼠，不仅是一种喜好，更是一种生存的本能。

第三题

如果猫咪把自己团成一个球体，那么猫咪现在的表面积是$4\pi b^2$。我们知道猫咪的周长是h，$2\pi b=h$，因此$\pi=h/2b$，带入可得猫咪的表面积为$S_3=2bh$。

第四题

$S_2-S_1<0$，$S_3-S_2<0$，因此$S_3<S_2<S_1$

结论：由上述论证可知，猫咪侧着睡要比横着睡的表面积小，而团着睡的表面积又比侧着睡小。一般情况下表面积越小的物体，散热越少。于是小猫咪一不小心运用了一个相当了不起的数学原理。

计算本领高超的蚂蚁

蚂蚁的计算本领来自生活，英国科学家亨斯顿做过一个有趣的实验：他把一只死蚱蜢切成三块，第二块比第一块大一倍，第三块比第二块大一倍，蚂蚁发现这三块食物40分钟后，聚集在最小一块蚱蜢处的蚂蚁有28只，第二块有44只，第三块有89只，

不同的蚂蚁吃不同的食物。收获蚁吃种子，它们将种子收藏在地窖里；而割叶蚁吃蘑菇，它们将叶片搬运到地下，用来培植蘑菇；有些蚂蚁则贮存一种叫蚜虫的昆虫，它们从蚜虫体内抽取一种含糖的物质作为食物，这同人类从母牛身上挤奶的方式非常相似。

智多星训练营

蚂蚁和蜜蜂一样生活在“母系社会”之中，蚁后在蚂蚁圈中享有很高的待遇。它是蚂蚁群体中所有蚂蚁的母亲，是这一蚂蚁王国的创立者。它的主要职责是产卵、繁殖后代和统管这个群体大家庭。其他蚂蚁则负责喂养它，替它清洁身体，并照料它的卵。不得不说，蚂蚁大家庭是一个团结友爱、分工协作的和谐群体。

蚂蚁的触角互相碰触时，能够分泌一种化学物质，这种化学物质对蚂蚁的神经具有刺激作用，从而将信息传递出去。

蚂蚁腿部肌肉是一部高效率的“发动机”，它是蚂蚁力量的源泉。

后一组差不多都较前一组多一倍。蚂蚁对食物大小的准确把握，对数学中倍数的应用不得不令人称奇！

黑猩猩也是算术高手

黑猩猩的算术能力来源于本能，虽然开启这种本能的钥匙不那么威风。它们对香蕉情有独钟，这个众所周知，但你们也许不知道，猩猩对香蕉的热爱已经上升到了理论的高度。

美国动物行为研究者戈丹做过一个实验:他先让他所饲养的8只黑猩猩每次各吃10根香蕉,如此连续几天。某一天,他突然只给每只猩猩8根香蕉,结果所有的黑猩猩都不肯走开，还有少部分黑猩猩甚至尖叫起来表示抗议，一直到主人补足10根后才满意地离去。

黑猩猩是猩猩科中最小的种类，身体被毛较短,为黑色，通常臀部有一白斑，面部为灰褐色，手和脚为灰色，并覆以稀疏黑毛。

智多星训练营

黑猩猩是一种智慧过人的动物，它们不仅具有数学天赋，还是一群“民间中医”。黑猩猩懂得万事万物相生相克的道理，经常用食物进行自我调理。如果某只黑猩猩患了肠道寄生虫病，它就早晚分别吃一种安尼来墨草属植物的叶子和大苞片合欢皮，这是一种人们已知的消灭寄生虫的疗法。要是哪只猩猩有发烧症状，它就会一整天都吃一种三唇属植物的叶子，这种叶子能有效地抑制病毒。

黑猩猩的食量很大，每天要花4~5个小时的时间寻找食物，主要吃香蕉等热带水果的果实、根茎、叶以及树皮，有些个体也吃昆虫、鸟蛋或是捕捉小羚羊等小型动物。

黑猩猩充满母性的光辉，它对自己孩子的呵护不逊于人类。

它们是动物界的口技大师

学鸡叫的百灵鸟

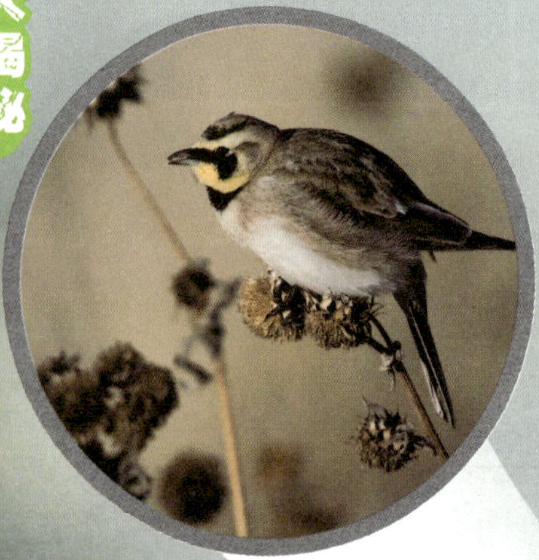

百灵鸟可以模仿很多种声音，是优秀的口技演员。百灵鸟对鸡的叫声有过深入的研究，雏鸡的叽叽声，母鸡唤叫小鸡的咕咕声，小鸡找不到母鸡的吱吱声，母鸡产蛋时的咯咯声，

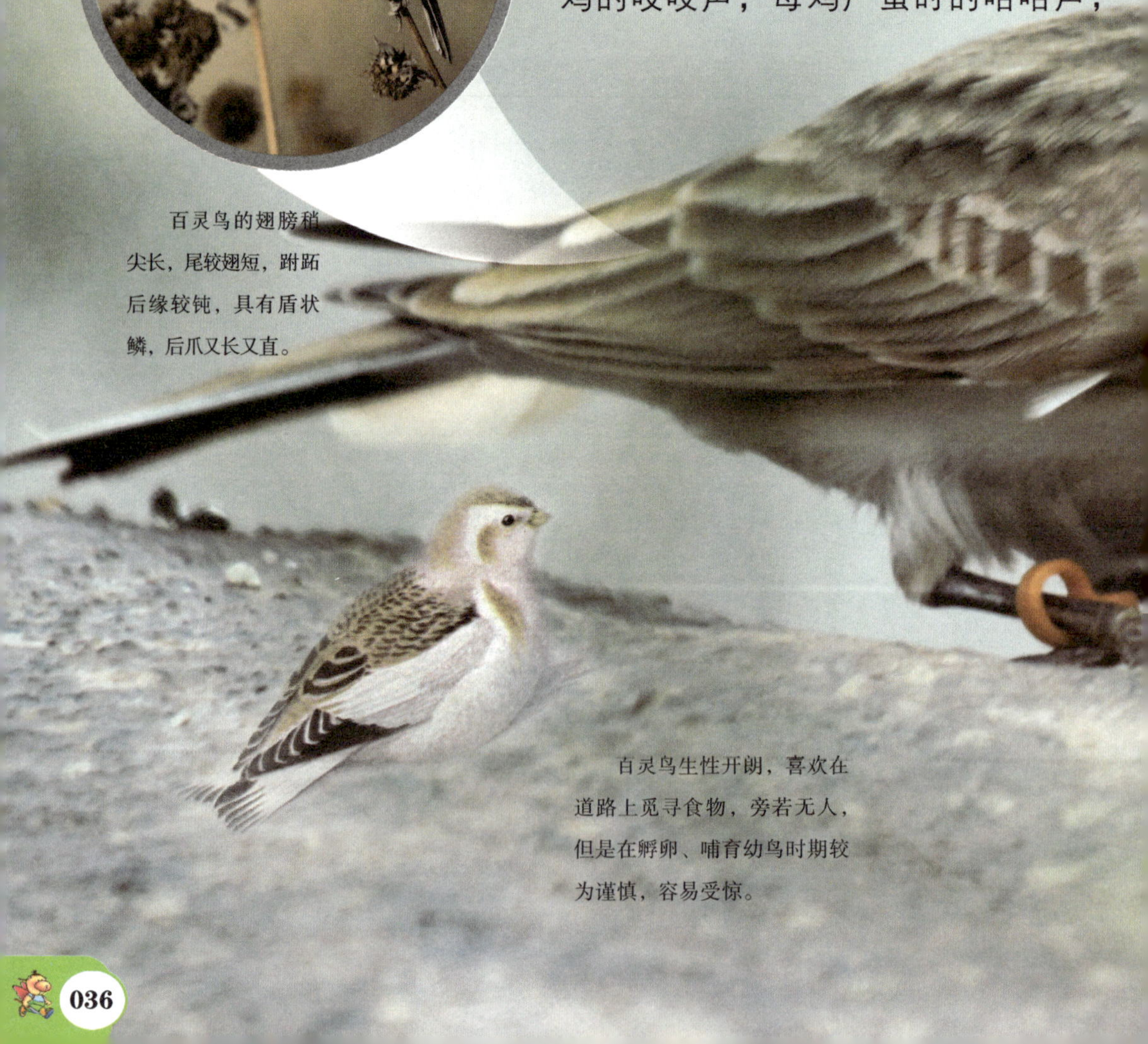

百灵鸟的翅膀稍尖长，尾较翅短，跗跖后缘较钝，具有盾状鳞，后爪又长又直。

百灵鸟生性开朗，喜欢在道路上觅寻食物，旁若无人，但是在孵卵、哺育幼鸟时期较为谨慎，容易受惊。

百灵鸟头上长有漂亮的羽冠，嘴较细小，呈圆锥状，有些种类长而稍弯曲。鼻孔上常有悬羽掩盖。

智多星训练营

百灵鸟是草原上的快乐使者，它用“歌声”为草原人民祈福，用“舞蹈”为草原人民增添了无穷的乐趣。它的歌婉转悠扬，意蕴绵长。它的舞轻盈优美，撼人心魂。它还时刻肩负着维持生态系统平衡的使命，它用生命演绎着爱与希望。

雄鸡喔喔的啼叫声……每一种它们都学得惟妙惟肖。若把这些声音组合起来，那无疑是一场百灵鸟的“鸡之歌”演奏会。

草原上的各种草籽、嫩叶、浆果以及昆虫为在地面取食的杂食性百灵鸟提供了取之不尽的食物。

“人云亦云”的八哥

八哥是我国独有的观赏鸟之一。许许多多的历史文献和文艺作品，都提到过八哥，它是一种深受人们喜爱的有灵性的动物。人们喜欢训练八哥说人话。让动物说人话，着实让主人和动物为难。不过八哥最后总是不负主人的期望，能说上那么一两句不太标准的“人话”。

八哥通体黑色，乍看起来颇似乌鸦，但与乌鸦有着显著的区别，八哥体形较各类乌鸦小。

八哥的喙、足均为鲜黄色，在喙与头部的交接处有着明显的额羽，细看头颈部的体羽，黑色中有绿色的金属光泽闪动。

智多星训练营

训练八哥说话的几个步骤：

1.挑选合适的训练时间。训练时间一般定在八哥早晚进食前。

2.培养感情。训练时首先必须培养感情，多与鸟相处，增加亲近感。

3.训练内容宜由简入繁。先教“你好”“再见”等简单词语，以后再教长一点儿的句子。

4.有奖训练。训练时必须以食物为诱饵，时常奖励一下，这样八哥才有学习的动力。

5.最好找人“陪聊”。八哥学会人语后，要经常逗其说话，巩固成绩。

八哥为杂食性动物，喜欢尾随耕田的水牛，取食翻出的蚯蚓、蝗虫等；也在树上取食成熟的榕果、乌桕籽等。

八哥喜欢群居生活，常数十只成群栖息在一棵大树上，每天傍晚时常大群翱翔于空中，噪鸣片刻后回栖息地。

八哥偏爱在树洞或建筑物的缝隙中筑巢栖息。巢穴多用稻草、树叶、羽毛等堆积而成。

口技超群的鹦鹉

鹦鹉跟八哥一样，只要训练得当，也可以成为优秀的口技大师。鹦鹉常有惊人之语，它可以模仿动物的叫声，模仿汽车和飞机发动时的声音。更有甚者，还会背诵九九乘法口诀。

如果上面的语言描述不足以证明鹦鹉的“口技”天分，那么下面的这个例子可能会让你对鹦鹉的“口技”有新的认识。一只名叫米图的鹦鹉，用自己高超的口技扰乱了某球场的比赛。

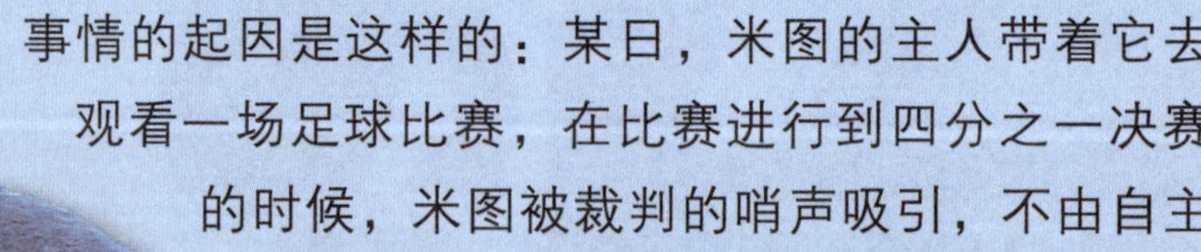

事情的起因是这样的：某日，米图的主人带着它去观看一场足球比赛，在比赛进行到四分之一决赛的时候，米图被裁判的哨声吸引，不由自主地学了起来。由于这只鹦鹉发出的声音和裁判的口哨声太像，致使场上球员面面相觑，比赛一停再停。最后，裁判不得不向鹦鹉发出“红牌”——要求鹦鹉主人带着这只淘气的鹦鹉远离球场。可见，鹦鹉在口技界绝非徒有虚名。

鹦鹉类羽毛大多色彩绚丽，鸣叫响亮，那独具特色的钩喙使人们很容易识别这些艳丽的鸟儿。

鹦鹉是典型的攀禽，对趾形足，两趾向前两趾向后，适合抓握，鹦鹉的喙强劲有力，可以食用坚果。

智多星训练营

训练鹦鹉说话，时间最好选择在早晨，因为通常鸟类在早晨最为活跃，鹦鹉更是如此。训练时环境要安静，训练者吐字要清晰，干净利落。初次学习的时候，选择比较简单的词句。每天只教一句话，而且要反复数天，直到它学会为止，同时要不断复习巩固。切记在它没有熟练前，千万不要教第二句，不然会使鹦鹉感到混乱。训练长句子时，可以采用分段练习的方法，各个击破。

效鸣专家——沼泽刺嘴莺

沼泽刺嘴莺繁殖期为8~12月，多营巢于芦苇丛或灌木丛中，每窝产卵2~3枚。

沼泽刺嘴莺是世界上极善效鸣的鸟类，它们可以发出欧洲99种鸟类和非洲113种鸟类的鸣啭声。虽然它们极具“语言”天分，却并不恃才而骄。它们非常勤奋好学，只要遇到新的鸟叫声，就会立即模仿。它们喜爱人类鼻腔发出来的声音，常常故意模仿，非常可爱。沼泽刺嘴莺还是高明的编曲大师，它们会把学到的声音重新组合编排，从而发出令人意想不到的优美动听的声音。

智多星训练营

杜鹃是有名的巢寄生鸟类，它们自己不筑巢，甚至连哺育幼鸟的任务也轻易推给其他鸟类，而沼泽刺嘴莺就是受害者之一。杜鹃趁沼泽刺嘴莺妈妈外出捕食的时候，将蛋产在沼泽刺嘴莺的巢穴里，而沼泽刺嘴莺妈妈对此却一无所知。小杜鹃一旦出壳，就会立即把还没有孵化的沼泽刺嘴莺的蛋，甚至长得小的雏鸟，一同推出巢外。沼泽刺嘴莺妈妈出于亲鸟的本能，会一直将小杜鹃抚养长大。

沼泽刺嘴莺主要分布于太平洋诸岛（包括我国台湾省、南海各岛屿以及菲律宾、新加坡、马来西亚、印度尼西亚等）、澳大利亚和新西兰。

沼泽刺嘴莺栖息于沼泽、灌丛等地带，以昆虫等为食。

用声音觅食的黑喉响蜜䴕

或许最奇特的模仿声音的鸟要数非洲的黑喉响蜜䴕。黑喉响蜜䴕又叫领路鸟，是䴕形目比较独特的种类，有类似杜鹃的巢寄生行为。黑喉响蜜䴕喜食蜂蜜和蜂蜡，却没有能力捣毁蜂巢，这时，黑喉响蜜䴕的“口技”天分便起了决定性的作用。黑喉响蜜䴕发现蜂巢后，便模仿蜜蜂的声音，引起蜜獾或当地居民的注意，然后带领蜜獾或人们找到蜂巢，趁机分享一些蜂蜜。研究表明，人类利用黑喉响蜜䴕寻找蜂窝可以减少大约2/3的搜索时间。

黑喉响蜜䴕为䴕形目响蜜䴕科奇特的鸟，身长约20厘米，体重约50克，羽色朴素，头部较大，嘴部较为坚硬。

黑喉响蜜䴕嗜食蜂蜜、蜂卵等，但嘴很短，爪不发达，不适于在蜂巢中采食，所以常与人类和蜜獾合作。

智多星训练营

人类与黑喉响蜜䴕达成了某种默契：人类制作了一种口哨。当寻找蜂巢的工作开始时，他们就吹响口哨。这时，它们的助手——黑喉响蜜䴕，便出现了，他领着人们搜寻蜂巢，再从合作者那领取报酬——蜂蜜。在非洲的某些部落，流传着这样的说法：谁利用了黑喉响蜜䴕，却不给谢礼，就一定会被狮子吃掉。

黑喉响蜜䴕是一种体形较小的攀禽，有类似杜鹃的巢寄生行为，主要在啄木鸟等其他鸟类的巢中产蛋，常趁其他鸟外出时迅速产下蛋。

语言天才——草原犬鼠

草原犬鼠很有可能是仅次于人类的语言天才，据科学家研究表明，草原犬鼠彼此间能够用独特的鼠语进行交谈，比如谈天气、谈即将来临的风暴等。它们对穿黄衬衣的高个男人和穿绿衬衣的矮个男人、北美小狼、红尾鹰以及其他许多生物都有对应的专用术语。对于以往从未见过的事物，它们甚至能够造出新的“单词”，采用口径一致的称呼。草原犬鼠也说方言，彼此之间能够用带有家乡口音的方言沟通。更神奇的是，它也可以用说唱的方式进行交流。

草原犬鼠憨态可掬，惹人喜爱。但是美国的农场主们却很讨厌它们，原因是它们挖洞破坏草场，而且每年要吃掉约7%的草场饲料。

草原犬鼠碰鼻子可能是辨识血缘关系仪式的序幕。它包括碰触牙齿或门牙。

智多星训练营

草原犬鼠信奉集体主义精神，具备一致对外的团结意识。不管平时邻里相处得多么不愉快，遇到天敌的时候大家都会有难同当，只要一只草原犬鼠发现有危险的迹象，就会发出类似狗叫的声音，通知周围邻居躲起来。

草原犬鼠在进行集体活动时还会有群体成员专职站岗放哨，一旦发现敌情，立刻拉响“警报”，而“警报”一响，所有草原犬鼠瞬间都从地面上消失了。

狡猾的猎手——老虎

攻击力：100%。

装备：猫科动物中最长的犬齿、最大号的爪子。

职业技能：集速度、力量、敏捷于一身，前肢一次挥击力量达1 000千克，爪刺入深度达11厘米，一次跳跃最远可达6米。

危险系数：100%。

我们对老虎的印象是：它是个强者，是一员

猛将。却鲜有人知道，老虎也有“运筹帷幄，决胜千里”的文臣智慧。科学家研究证实，老虎能模拟猎物的叫声，并以此引诱猎物出现，最终实施捕杀，由此证实老虎是一个狡猾的猎手。

虎的体毛颜色有浅黄、橘红等。它们巨大的身体上覆盖着黑色或深棕色的横向条纹，条纹一直延伸到胸腹部，腹部的毛底色很浅，一般为乳白色。

小剧场：老虎、猎人与鹿

男一号：老虎

男二号：猎人

男三号：儿子

Action!!!

猎人带着儿子进入丛林中， 他们发现了鹿的痕迹，猎人拿出随身带着的鹿角吹了起来。

智多星训练营

老虎是最大的猫科动物，也是最大型的陆生食肉动物。它们身体庞大，所以食量也很大，一只成年的老虎一天平均能吃下6千克左右的肉，一年约吃下3 500千克的猎物。因此，老虎需要很广阔的生活空间捕食猎物。老虎的领域观念十分强，常常会用独特的气味划分出自己的势力范围，并会不定期地巡视。任何侵占其领地的动物都会遭到攻击，所以有“一山不容二虎”之说。

这是老虎的獠牙，它暗白而形长，牙根粗，极具杀伤力。一只成年虎只有两颗这样的獠牙。

儿子：爸爸，我们怎么能发出声音呢，要是惊动了猎物可怎么办啊?

猎人：傻孩子，我吹的是鹿角，你仔细听，它像不像小鹿受伤后的求救声。

儿子仔细一听，还真是这么回事！

儿子：爸爸，你真是太伟大了，这样就能把其他的鹿引出来了，是吧！

爸爸：是啊，是啊，再狡猾的猎物，也逃不出我的陷阱！

这时，老虎听见了鹿角吹奏的声音，以为鹿在附近出没，顿时精神百倍，（这是猎人惯用的伎俩，只是老虎不知道。）也模仿鹿的声音叫了起来。（这是老虎惯用的诱捕伎俩，可惜猎人不知道！）

老虎：哈哈，又可以饱餐一顿了，我继续吹。

猎人父子听到叫声，喜不自胜：猎物果真出现了！于是，每隔一段时间，猎人便吹一阵鹿角。

老虎也是循着鹿角的声音前进，不久，双方终于见面了！猎人与老虎都惊呆了！

老虎：很显然，今天的食谱得改一改了！

猎人：儿子，赶紧跑吧！说完转身就跑！

结局也许很凶残，也许很有爱，你说了算！

老虎的耳朵不仅能听声音，还可以表达不同的情绪。当耳朵后面的白斑随耳朵的转动而摆动时，即在警告对手“别惹我，快走开!”

老虎常常出没于山脊、矮灌丛和多岩石的山地。它们没有固定的巢穴，喜欢游荡于山林中找寻猎物。

滚推粪球的“自然界清道夫”

当你漫步乡间小道或到牧区游览时，常可发现滚动着的粪球。仔细瞧瞧，原来是两只昆虫在搬运“宝贝”——充饥的粮食。这种灵巧滑稽的小昆虫，就是通常所说的蜣螂或屎壳螂，也有称它为粪金龟或牛屎龟的。它们做着与粪便打交道的活计，然而却享有美誉。它们是自然界公认的“清道夫”。

我们伟大的清道夫的工作流程是这样的：

1.先确定工作地点。它们对粪便很敏感，只要一有新鲜的粪便，它们马上会出现。

智多星训练营

一位埃及作家这样描写蜣螂：它们托起太阳的光辉，照耀着金碧辉煌的沙漠宫殿，辉映出法老的圣日生命权杖，也给苍生带来幸福和吉祥。是的，在埃及人的眼里，蜣螂每天迎着东方第一缕阳光从土里钻出，它是太阳神的化身、灵魂的代表，象征着复活和永生，是人类应该膜拜的图腾，因此埃及的壁画、雕塑，甚至妇女佩戴项链的挂坠都不乏蜣螂的造型。蜣螂俨然成为了古埃及人民的护身符。

2.明确工作范畴。它们对付粪便有自己的一套方法。它们在粪便中心打一个洞，挖出一堆新土来，住进去，美美地享用一番，它俨然成了一个天然的垃圾回收站。

3.做好后期工作。蜣螂做事有始有终。它们决定做好粪便清理工作，就不会对吃剩下的粪便置之不理。这些“剩菜剩饭”被蜣螂滚成粪球带回家，储存起来。蜣螂生活在地下，这些粪便自然也被埋到地下，既清洁了地面，又改善了土壤结构，增加土壤的通透性，蜣螂扮演的就是这样一个“清道夫”的角色。

“害虫清理机”——螳螂

它是庄稼的好帮手，它负责清理不利于植物生长的害虫，它就是低调而神秘的螳螂保洁员。螳螂保洁员与人类达成了友好的协作关系，双方互惠互利。许多农场主用螳螂代替杀虫剂，螳螂则在工作之余享受福利。螳螂对工作内容绝不挑剔，自然也不挑食，棉蚜虫、红铃虫、玉米螟、菜螟、菜青虫、金龟子、苍蝇、蚱蜢、蝗虫等60多种害虫的成虫和幼虫全是它的清除对象，也都毫无例外地成为了它食谱中的佳肴。

螳螂大都有保护色，有的可以拟态，与周围环境融为一体，借以捕食各种害虫，并可躲避天敌的危害。

螳螂在昆虫界算得上是身材魁梧的。它们长着一对杀伤力极大的前足，像两把大刀一样，常宰杀猎物于无形。

螳螂的头呈三角形，活动自如，复眼大而明亮，触角细长。

智多星训练营

一开始的时候，螳螂夫妇和其他昆虫夫妇之间的生活没什么差别，彼此之间保持着应有的礼貌，过着“男耕女织”的日子，平静淡然，双方没有被捕获和被吞食的危险。直到7月中旬，丈夫逐渐衰老，不事生产，走路摇摇晃晃，随时有倒下去的危险。这时，妻子就会毫不犹豫地把丈夫吞进肚子里，以便为接下来的产卵过程提供必要的营养。

草原清道夫——鬣狗

鬣狗的外形和狗极相似，它的速度非常快，是非洲草原最为成功的猎食者。它是杂食性动物，几乎什么都吃，其中包括一些瓜果、蔬菜等，但更主要的是捡食原野上的残骸腐肉。它的上下颚和牙齿都坚强有力，颊齿和咬肌都特别发达，显得极为强悍，能咬碎巨大的非洲水牛或斑马等动物头部和腿上最粗壮的硬骨和肉块。它的消化功能也很强，所以能将其他动物不爱吃的或者咬不动的坚硬食物“打扫”得一干二净，寸骨不剩，因此，由它们来负责草原的“卫生清理”工作真是再适合不过了。

鬣狗幼仔出生后的4个月里，全部依靠吃奶生活，甚至当它们的牙齿全都长齐时，都没有尝过肉的滋味。

鬣狗能发出十多种叫声，这对于它的生存来说十分重要，因为它经常在夜间活动，必须依靠不同的叫声来保持群体成员之间的联系。

智多星训练营

鬣狗的生存环境极为恶劣。在广袤的非洲大草原上，狮子和猎豹各自雄霸一方，鬣狗只能在夹缝中苟延残喘。它们偶尔猎捕一些小动物，大多时候则跟随在狮子、猎豹等猛兽的后面流浪徘徊，以便伺机捡拾它们猎捕到的食物，但狮子、猎豹等对这些贪婪的“尾随者”非常讨厌，所以它们随时有丧命的危险。如果它们栖息的地区比较干旱，它们还要经常到远离栖息地的地方去饮水。鬣狗就是这样，依靠自己的力量、耐力，在强手如云的非洲草原占据了一席之地。

海边清道夫—寄居蟹

它叫草莓寄居蟹，需要经常补充胡萝卜素来维持鲜艳的体色，否则红色会逐渐消退。

寄居蟹在海边长大，深深地爱着生它养它的大海，于是自发地担负起了海边的清洁工作。它们将自己培养成了杂食性动物，几乎什么东西都吃。它们身体力行，尽职尽责地清除着沿海甚至内陆的腐坏食物、死鱼、鸟类的粪便、落叶和花瓣等。它们的嗅觉非常灵敏，对“垃圾”有着天生的敏感度，哪怕是1.8千米以外的垃圾也别想逃过它们的“法网”，而且，它们总会把“垃圾”清理得干干净净。它们是海边的绿色守护神。让我们向勤劳的海边清道夫——寄居蟹先生或女士致敬，并道一声：你们辛苦了！

智多星训练营

寄居蟹对待海边“垃圾”可谓是身体力行。它们会用整个身体来消灭“垃圾”。它们先用左螯来固定“垃圾”，遇到大件的、难以分解处理的，有时也用胸足来固定，再利用右螯把“垃圾”弄成小块，放进嘴前面的两对颚足，颚足会把“垃圾”紧紧夹住，然后慢慢运到嘴里。之后完全依靠自身超强的消化功能彻底地消化掉“垃圾”。

寄居蟹以螺壳为寄体，平时负壳爬行，受到惊吓会立即将身体缩入螺壳内。随着蟹体的逐渐长大，寄居蟹会寻找新的壳体寄居。

海港清洁工——海鸥

海鸥是最常见的海鸟，更是最为渔民和水手称颂的海港清洁工。在海边、海港，在盛产鱼虾的渔场上，常常能看到它们“忙碌”的身影。海鸥除以鱼虾、蟹、贝为食外，还爱捡食船上人们扔掉的残羹剩饭，这就解决了船上的卫生问题。此外，海鸥还是变废为宝的行家。它们到处捡拾枯草、树枝、羽毛、海草等垃圾物品，利用这些东西筑巢垒穴。这样既清理了海港附近的垃圾，又造福了自己，真是高明极了。

海鸥上体大致呈白色，具淡褐色横纹状斑点；尾上覆羽白而具褐色横斑，尾呈灰褐色，基部呈白色。

“海上领航员”

海鸥常常聚集在浅滩、岩石或是暗礁的周围，有经验的海员多以此作为提防暗礁的信号；同时海鸥还有沿港口出入飞行的习性，当遇到大雾弥漫或是迷失方向时，可以观察海鸥的飞行方向，以此作为寻找港口的依据。

海鸥的种类很多，但大多数海鸥腿和脚的颜色都是浅绿黄色的，有些种类还有红色和肉色的。

智多星训练营

海鸥是海员的老搭档，富有经验的海员经常利用海鸥来判断海上航行的安全系数。如果海鸥在浅滩、岩石或暗礁周围，群飞鸣噪，这说明附近可能有暗礁，得小心戒备、提高警惕。如果海鸥贴近海面飞行，那么未来的天气将是晴好的，可以继续航行。如果海鸥离开水面，高高飞翔，成群结队地从大海远处飞向海边，或者成群的海鸥聚集在沙滩上或岩石缝里，则预示着暴风雨即将来临，该做好防暴准备了。

环境卫士——乌鸦

以“环境清道夫”与“社会清道夫”的属性看来，最厉害的环境卫士，非乌鸦莫属。它们肠胃的兼容性很强，能够消化掉一切垃圾，从自然界的螟蛾幼虫、金龟子幼虫、老鼠、腐烂的动物尸体到城市垃圾，污染环境的腐物……都在它们的工作范畴之内。它们强悍的肠胃能起到净化环境、加速生态系统中的物质循环等作用。但历来人们对这位清道夫的评价都是褒贬不一的，因为它在保护环境的同时，还顺手拿了些“好处”。它们喜欢吃谷物，还能准确地将播进地里的种子挖出来吃掉，这对于农作物的丰收必然有一定的损害。不过，从总体上看，清道夫乌鸦还是功大于过的。

乌鸦忠于爱情，十分专一，雌雄一对相伴终生，最长寿的乌鸦能活到庆祝它们的珍珠婚（30年）。

乌鸦为雀形目鸟类中个体最大的，体长400～490毫米；羽毛大多为黑色或黑白两色，黑羽具紫蓝色金属光泽；翅远长于尾；嘴、腿及脚为纯黑色。

智多星训练营

中国有句谚语叫“乌鸦头上过，无灾必有祸”，旧时认为乌鸦是凶鸟，遇之不祥；如当头鸣叫，更是灾祸发生的预兆，乌鸦被定了个不吉利的罪名。其实乌鸦的鸣叫与人们的祸福无关。专家对鸟类的研究表明：鸟类的鸣叫大多是为了召唤同伴、吓唬掠食者、捍卫领地或繁殖期求偶，乌鸦的鸣叫也不例外。科技发展到今天，我们要摒弃一切封建迷信色彩，消除对乌鸦的误解。

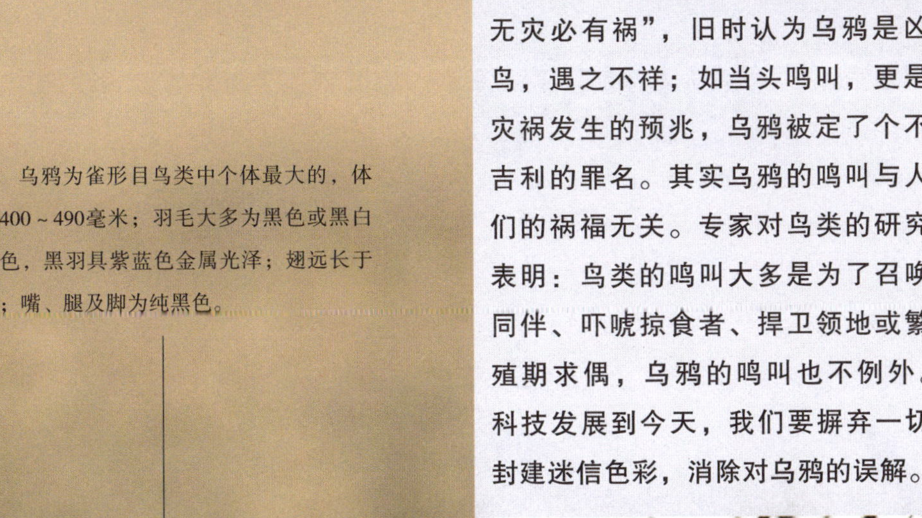

田园守卫者——青蛙

青蛙是守护田园的卫士，是捕捉害虫的能手，青蛙捉害虫全靠它又长又宽的舌头，其舌根长在口腔的前面，舌尖向后，有分叉，上有许多黏液，只要小飞虫从身边飞过，青蛙就猛地往上一跳，张开大嘴，快速地伸出长长的舌头，一下子把害虫吃掉。据生物学家统计，一只青蛙一天能吃掉70多只活虫子，可谓居功甚伟。不仅如此，青蛙还会发出清脆的叫声，那熟悉而又悦耳的蛙鸣，就如同是大自然

智多星训练营

青蛙一般生活在农田里，农药用量增大和使用不合理，使害虫产生抗药性，抗药性的产生又促使农药用量继续增加，青蛙常吞食带有化肥、农药的害虫和水源，农药便在蛙体内蓄积下来，人若食用，农药残毒即进入人体。农药残毒还通过“食物链”毒害人体，形成慢性农药中毒，导致各种癌变和肿瘤。

青蛙的瞳孔是横向的，有3个眼睑，其中一个是透明的，用于在水中保护眼睛，另外两个上下眼睑是普通的。

蛙类的抱对并不是在进行交配，只是生殖过程中的一个环节，青蛙通过抱对，可以促使雌蛙排卵。

永远弹奏不完的音乐，是一首和谐的田野之歌。“稻花香里说丰年，听取蛙声一片”，有蛙声农民就有播种的希望，有蛙声就有收获的喜悦和欢乐！

海洋除草机——儒艮

儒艮俗称海牛，是一位非常低调的海底工作者。在水草成灾的热带和亚热带某些地区，它们的存在具有十分重大的意义。在那些地方，水草阻碍水电站发电，堵塞河道和水渠，妨碍航行，还给人类带来丝虫病、脑炎和血吸虫病等。儒艮是水草的“天敌”，它们是海洋中唯一的草食性哺乳动物，以多种海生植物的根、茎、叶与部分藻类等为食。它们食量很大，每天能吃掉相当于自身体重的5%~10%的水草。它吃草的动作像除草机除草一样，一层一层地吃过去，因此就得了“水中除草机”的雅号。

儒艮不会使用门牙来咬断海草，而是以其大而可抓握的吻来摄食。有时它们会留下一条啃食过的痕迹，如同一条小路横穿海草林。

儒艮的体形大而呈纺锤状，体长约2.4~2.7米，皮肤光滑，外观呈褐至暗灰色，腹部颜色较背部浅，体表毛发稀疏。

智多星训练营

儒艮清道夫的贡献是巨大的，据说非洲有一种叫水生风信子的水草，曾在刚果河上游1 600千米的河道生长蔓延，严重堵塞航道，使粮食等物资无法运到当地居民的手上。当地居民食不果腹，只得背井离乡，另谋出路。当地政府耗费100万美元，采取了很多措施清除水草，均以失败而告终。后来，该河道来了两“位”儒艮清道夫，这一难题便迎刃而解了。

它们是“伪装高手”

变色龙的尾巴不仅长，而且有好看的花纹，还能够缠卷住树枝，有利于自己固定在树枝上。

“善变”的变色龙

伪装功力：★★★

变色龙主要分布在非洲地区，东南部的马达加斯加岛是它们的天堂。变色龙是一种“善变”的树栖爬行类动物，它们的皮肤会随着环境、温度和心情的变化而改变。雄性变色龙会将暗黑的保护色变成明亮的颜色，以警告其他变色龙离开自己的领地；有些变色龙还会将平静时的绿色变成红色来威吓敌人。在偌大的自然界中，变色龙为了逃避天敌的侵犯或为了接近自己的猎物，经常会在不经意间改变身体的颜色，然后一动不动地将自己融入周围的环境中。它们还用这种改变身体颜色的方式表情达意，以此演绎人类的语言交流。变色龙是自然界中当之无愧的“伪装高手”。

变色龙的眼帘很厚，呈环形，眼球突出，上下左右能够自如转动，而且左右眼可以单独活动，这一现象十分罕见。

变色龙四肢很长，指和趾分为对称的两组，前肢前三指形成内组，四、五指形成外组；后肢一、二趾形成内组，后三趾形成外组，非常适用于抓握树干及快速前行。

智多星训练营

变色龙之所以会变色是因为它的皮肤有三层色素细胞，最深的一层富含载黑素细胞，这种细胞可以与上一层细胞相互交融；中间一层是鸟嘌呤细胞，它主要负责调控蓝色素；最外层细胞则主要是黄色素和红色素。在神经学调控机制控制下，色素细胞受到神经的刺激会使色素在各层之间交融变换，这便实现了变色龙身体颜色的多种变化。

昆虫界杰出的伪装大师——螽斯

伪装功力：★★★

螽斯也被叫作蝈蝈，体长在4厘米左右，主要栖息于丛林、草间，亦有少数种类栖息于穴内、树洞及石下等环境中。螽斯是一种很聪明的昆虫，基于生活环境的不同，体色也变化多样：栖息于树上的种类多为绿色，而无翅的地栖种类通常身体颜色较暗。不同的颜色是为了在自己生存的环境中更易于伪装自己。将近一根手指长的螽斯伪装成一块覆有青苔的树皮，在森林那种不见天日的下层植被中，真的很难被发现。不过作为“伪装大师”，螽斯不会只做外表的伪装，聪明的螽斯通常在白天保持静止不动，以此来隐藏自己的外形，等到晚上才开始活跃起来，绝对是一名合格的伪装大师。

螽斯的触角细如丝，且长度远超过它自己身体的长度。

螽斯的左覆翅的臀区具一略呈圆形的发音锉，音锉上有许多小齿；右覆翅上具边缘硬化的刮器，音锉与刮器相互摩擦，即可发声。

智多星训练营

螽斯是全能的“艺术家”，它不仅善于伪装，而且还是一名合格的“歌手”。但是歌手也不是所有螽斯都能做的，雌性螽斯就不具备这样的天赋。雄性螽斯的鸣器是它的两叶前翅，发声时，螽斯的两叶前翅会斜竖起来，往复摩擦，从而发出巨大的音响。两翅愈发达（翅大且厚），摩擦就越强劲有力，发出的声就愈大。值得一提的是，螽斯是绝对的“重金属”歌手，它的“歌声”尖锐而响亮，有的甚至可以传一两百米远。

螽斯有3对足，跗节由4节组成，在最后一节的顶端有爪一对。它的前足胫节基部有开口式或闭口式听器，其后足股节十分发达，在跳跃时能够提供足够的力量。

天生的伪装者——比目鱼

伪装功力：★★★★★

比目鱼又叫鲽鱼，常见于热带或寒带水域，主要栖息在浅海的沙质海底，但有些则进入或永久生活在淡水中，以海洋中的小鱼虾为食。比目鱼体形大小不一，小的只有10厘米左右，而大的可以达到两米长。它们游泳的速度在海洋生物中并不算快，为了能够在海洋中安心地生活，比目鱼不仅练就了身体可以埋在泥沙中的本领，它的体色还可以根据环境的变化而改变，能与周围环境的颜色配合得很好。比目鱼本来就拥有不易被发现的体色，加上身体半埋在泥沙中，无疑为自己上了“双保险”。

比目鱼的两只眼睛都长在身体朝上的一侧，这一侧的颜色会融于周围生存环境的颜色。而它们身体另外朝下的一侧呈白色。

智多星训练营

比目鱼还有一个最显著的特征，就是它的两眼完全在头的一侧，而这种情况并不是与生俱来的。从卵膜中刚孵化出来的比目鱼幼体，完全不像父母，而是跟普通鱼类的样子很相似。眼睛长在头部两侧，每侧各一个，位置对称。大约经过20天，比目鱼幼体的形态开始变化。当幼体长达3厘米时，比目鱼的一只眼睛会通过头的上缘逐渐移动到头的另一边，直到跟另一只眼睛接近时，才停止移动。比目鱼眼睛的移动使比目鱼的体内构造和器官也发生了变化。

比目鱼身体扁平，只有一条背鳍，这条背鳍几乎从比目鱼的头部一直延伸到它的尾鳍。这条背鳍看上去很稀疏，颜色较身体颜色稍浅。

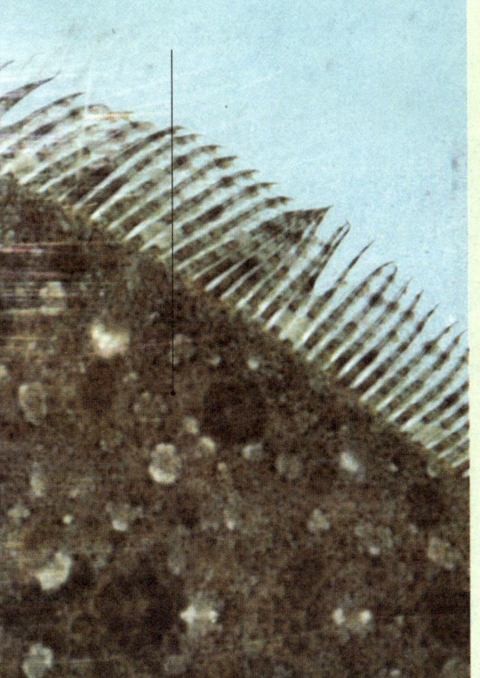

比目鱼的身体表面有极其细密的鳞片，这些鳞片的颜色随着环境的变化而变化。

比目鱼又叫板鱼、偏口鱼，是极受欢迎的可食用鱼。

比目鱼肉质细嫩、洁白，味美鲜腴，有补虚益气的功效。

行动的石头——石鱼

伪装功力：★★★★

石鱼生活在印度洋、太平洋热带浅水中，因外形酷似石头而得名。它们大都生活于岩礁、珊瑚间以及泥底或河口。由于行动缓慢，为了让自己安稳地立足于海洋生物界，石鱼有着自己独特的自我保护办法——它们常常伏于水底不动，使自己的体形和颜色与周围环境混为一体，看上去就像一块石头静静地“潜伏”在海床上，用守株待兔的办法等待猎物主动上门，石鱼是水生物王国中优秀的伪装高手。

石鱼的头部特别大，几乎与它的体高相似。所以整体看去，很难判断头与身体的界限到底在哪里。

智多星训练营

石鱼自我保护的办法当然不只伪装外形一种，它背上的棘刺中含有大量的毒液。一旦被其他生物伤害或攻击，石鱼便会通过背鳍上的这些棘刺将大量毒液注入对方体内，导致对方受伤和剧痛，有时甚至能使其丧命。

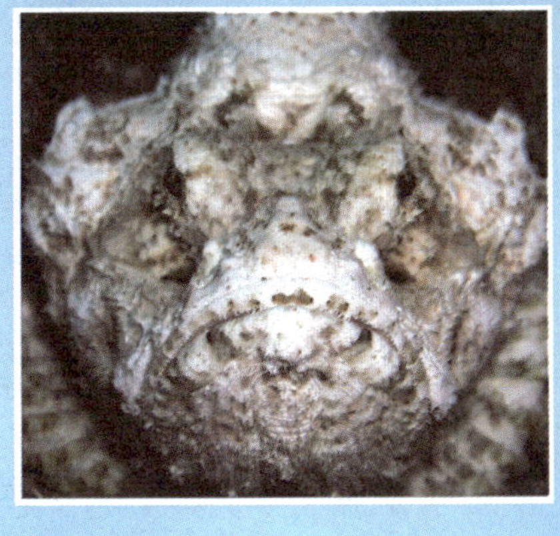

石鱼长相十分怪异，如果不仔细观察，与海底石头、暗礁无异。

石鱼的眼睛很大，在眼睛的最外层，有一层薄薄的水膜状薄膜罩在上面，眼球稍向外突出。其鳃盖骨巨大，且吻短小，口裂相对较深。

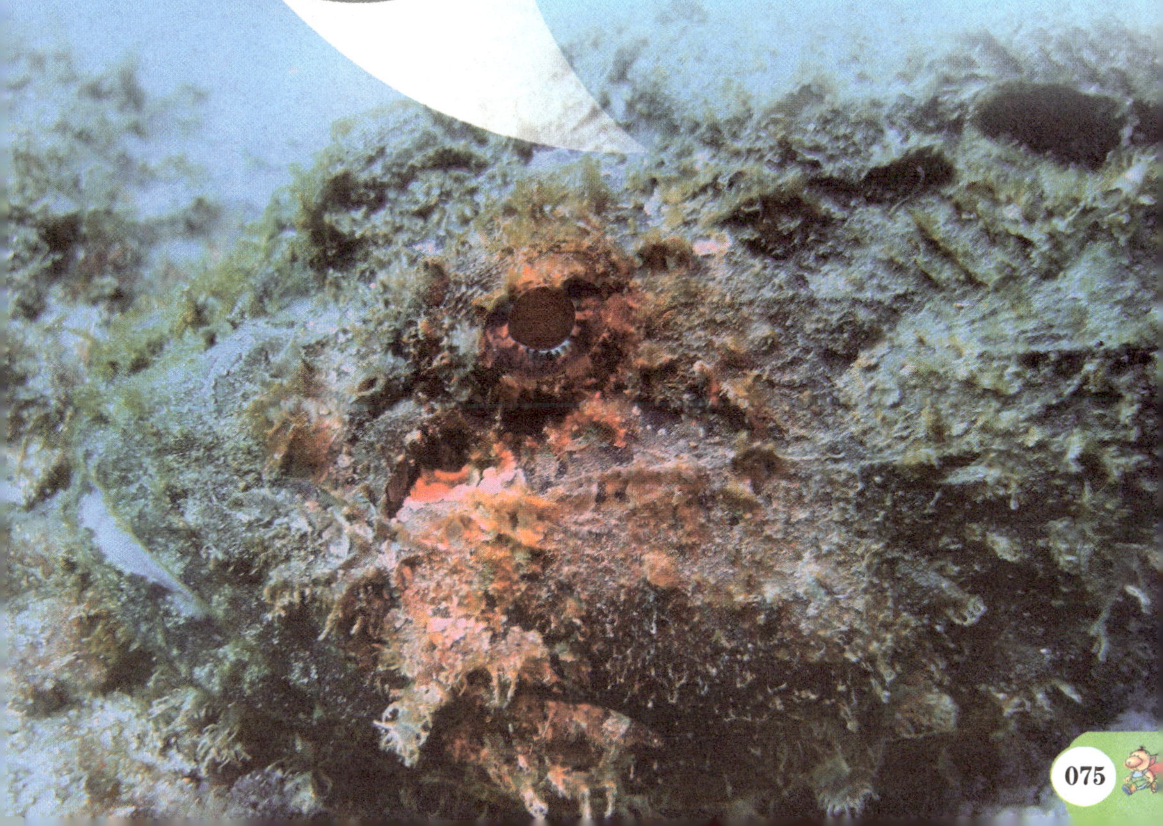

与自然融为一体的兰花螳螂

伪装功力：★★★

兰花螳螂产于东南亚的马来西亚热带雨林区，不同种类的兰花上面生活着不同种类的兰花螳螂。在幼虫阶段，从背面看兰花螳螂，几乎就是一朵如假包换的兰花。兰花螳螂幼虫的身体还会随着成长改变颜色，从血红转为粉红再到白色。经过长时间的演化，它们拥有酷似兰花的外形，不仅如此，它们还会根据兰花花色深浅的变化来调节自身的颜色。这使得它们可以轻而易举地在兰花中拟态而不会被敌人察觉，这种伪装应该算得上是昆虫界中最为抢眼的了。因此，兰花螳螂还有着“昆虫中的明星”之称。

兰花螳螂的前足腿节和胫节有利刺，呈镰刀状，整体呈晶莹剔透的白色，煞是好看。

兰花蟑螂的步肢演化出类似花瓣的构造和颜色，与兰花十分相似。

兰花螳螂的触角短而细，头呈三角形且活动自如。

兰花螳螂是日行昆虫，具有高度的掠食本领，即使是同类，也一样互相捕食。

智多星训练营

兰花螳螂从出生就具有掠食本领，只要是活的昆虫，如苍蝇、蜘蛛、蜜蜂、蝴蝶、飞蛾等，它们都会捕食。因为兰花螳螂主要是在兰花上等待猎物上门，所以它们捕食的对象多半也是围绕花朵生活的小型节肢动物、爬虫类或小型鸟类。

“忍者”——蝉

蝉是绝对的“忍者”。蝉的幼虫要在黑暗的地下生活若干年，有的甚至长达17年之久。然后在某一年春暖时分爬出地面。蝉蛹蜕皮的时候，必须垂直面对树干，这一点对蝉蛹来说十分重要。因为只有这样，才能使成虫的两翼自然发育，否则蝉的成虫翅膀就会发育畸形。蝉蛹会将外壳作为基础，慢慢地自行解脱，一点点如同从铠甲中挣脱出来一样艰难。这样的过程需要长达一个多小时，作为“忍者”，蝉总是能坚持到最后，完成蜕变。而且蝉的成虫多数呈灰色，

智多星训练营

并不是所有的蝉都会鸣叫。会鸣的蝉是雄蝉，它的发音器就在腹基部，像蒙上了一层有鼓膜的大鼓，鼓膜受到振动而发出声音，由于鸣肌每秒能伸缩约1万次，盖板和鼓膜之间是空的，能起共鸣的作用，所以其鸣声特别响亮，并且能轮流利用各种不同的声调激昂高歌。

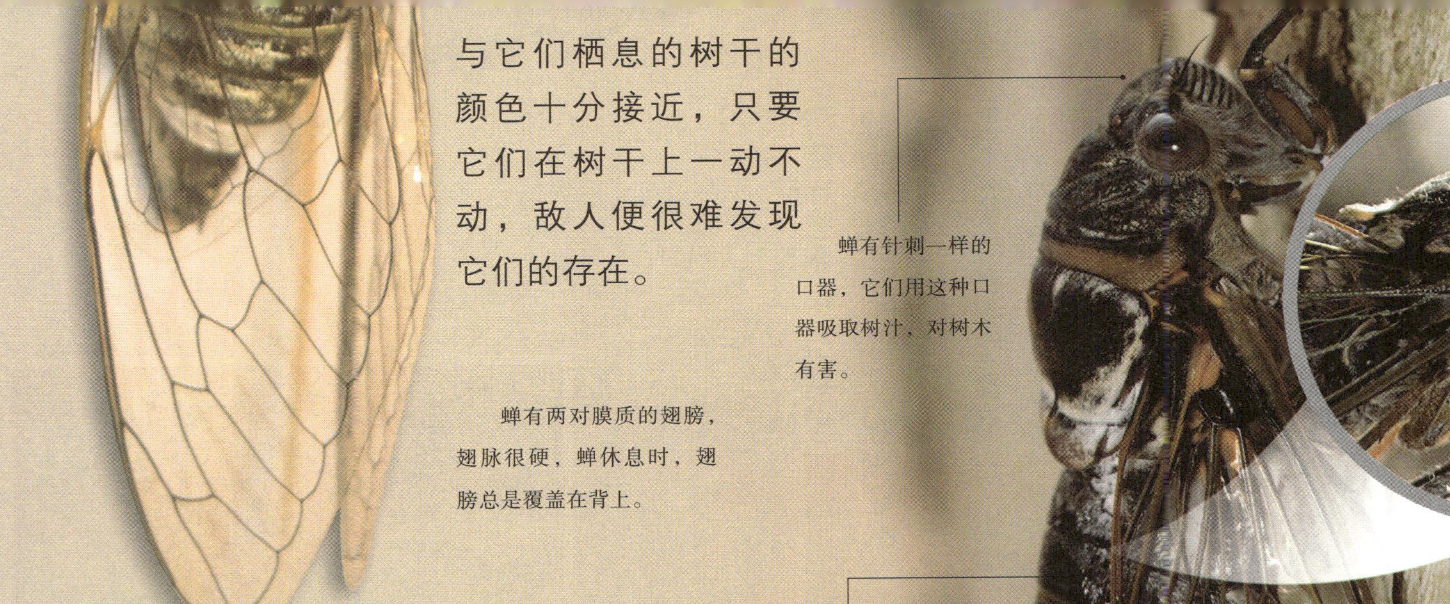

与它们栖息的树干的颜色十分接近，只要它们在树干上一动不动，敌人便很难发现它们的存在。

蝉有针刺一样的口器，它们用这种口器吸取树汁，对树木有害。

蝉有两对膜质的翅膀，翅脉很硬，蝉休息时，翅膀总是覆盖在背上。

蝉是一种较大的吸食植物的昆虫，通常有四五厘米长。根据种类的不同，其形状和颜色也各有不同。蝉的两眼中间有3个不太敏感的眼点，两翼上简单地分布着起支撑作用的细管——这些都是古老的昆虫种群的原始特征。

蝉肚皮上的两个小圆片叫音盖，音盖内侧有一层透明的薄膜，这层膜叫瓣膜，蝉鸣就是通过瓣膜发出的。

“披着魔法斗篷”的雷鸟

伪装功力：★★

体长约40厘米的雷鸟是寒带地区特有的鸟类，它善于行走，即使是在寒冷冬天厚厚的积雪上也能自如地疾驰，但不能久飞。雄性雷鸟四季换羽，其夏羽和冬羽完全换新，而春羽和秋羽只是局部替换；雌鸟每年3次换羽，羽色因季节而异，与环境一致。冬季，不论雌雄雷鸟，羽毛都是白色的，与雪地颜色相一致；到了春天，雄鸟的头、颈和胸部也换成了有栗棕色横斑的春羽，夏天雷鸟上体又换成了黑褐色，具棕黄色斑纹。秋季植被枯黄时，羽毛换成黄栗色。但是不论雌鸟还是雄鸟，春夏两季羽毛都呈有横斑的灰或褐色，以配合冻原地区的植被颜色。雄性雷鸟还会利用它多变而神奇的“魔法斗篷”在交配期来临之前变出华丽的羽饰来博取雌鸟的青睐。

冬季的雷鸟羽毛整体呈黑色，兼有蓝紫色绒毛，呈现出鲜有的光泽感。

智多星训练营

雷鸟由于长期在冰雪中生活，形成一系列适应冻原环境的特性，例如腿上的毛厚而长，一直覆盖到脚趾；脚趾周围有很多长毛，这样既保暖，又便于在积雪上行走而不至于下陷；鼻孔外披覆羽毛，可抵挡北极的风暴，也有利于伸向雪下啄取食物。

春夏两季雷鸟的羽毛呈有横斑的灰或褐色，十分厚实。

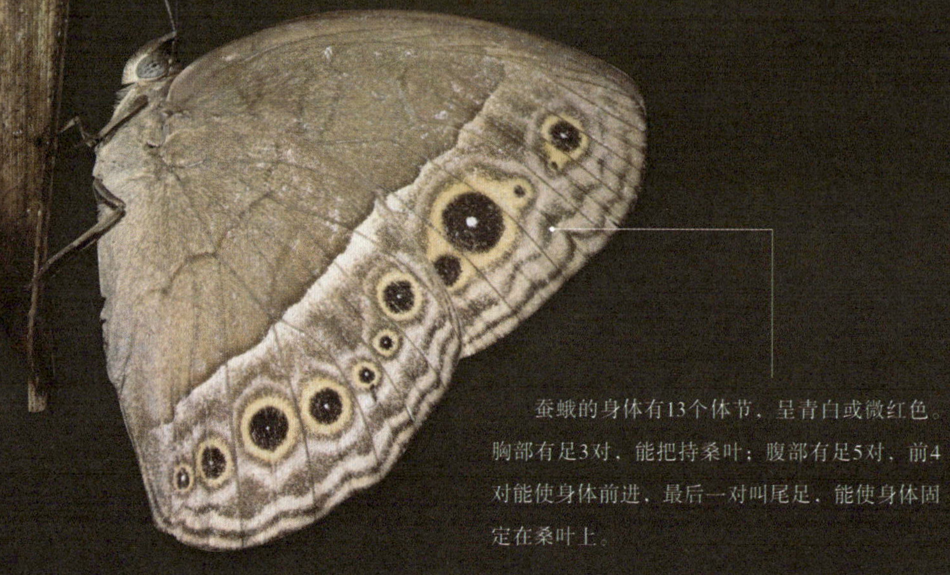

蚕蛾的身体有13个体节，呈青白或微红色。胸部有足3对，能把持桑叶；腹部有足5对，前4对能使身体前进，最后一对叫尾足，能使身体固定在桑叶上。

蚕蛾的“隐身术”

伪装功力：★★★★

蚕蛾的形状像蝴蝶，全身披着白色鳞毛，但由于两对翅较小，已失去了飞翔能力。幼虫身体光滑，第8腹节背面有一短角突，化蛹前幼虫吐丝结茧。一只蚕蛾的毛虫身上往往会长着两个相同的“自己”，它会有一个假的头，

智多星训练营

科学家研究发现，蚕蛾含油率之高为蛹所不及，其蛋白质之丰富也很可观，因此能用来提取蛾油，再利用脱脂后的蚕蛾制造液体味精，不仅变废为宝，而且可以一物多用。除此之外，雄性蚕蛾含有的雄性激素，辅以特定的中药材，浸泡成的雄蛾药酒，现已远销国外。

甚至连假的触角都配备齐全。当它们遇到天敌时，就会想尽办法诱惑对方抓咬它的后半部分，因为前半部分才是蚕蛾的真身。一旦敌人咬住了蚕蛾的假头部分，蚕蛾便会迅速逃跑，远离危险。

蚕蛾的头部小，长有鼓起的复眼一对，触角呈羽毛状。

蚕蛾腹部无腹足，末端体节演化为外生殖器。

巨眼蜘蛛的头部轮廓好像是“迷你版”的猫头鹰。其头部和足上都有细小的毛刺。

伪装界的艺术家——巨眼蜘蛛

伪装功力：★★★

生活在中美洲南部的巨眼蜘蛛身体不仅长，而且很窄。巨眼蜘蛛体色如同干枯的树干一样，呈褐色或棕色。不仅如此，巨眼蜘蛛的身体表面还有类似植物表层深浅不一的纹路，所以就算它伏在树干表面也很难被发现。因为具有这样的保护色，巨眼蜘蛛很容易便“消失”在巴拿马那片干枯的棕榈树林中。

巨眼蜘蛛有4对细长的足，主要用来织网，别看这些细足长得离谱，但是相互协作织出的网却很是精致。

智多星训练营

巨眼蜘蛛因为它那双大得与其身体大小不成比例的大眼睛而得名。巨眼蜘蛛的长相也十分奇怪，它的足长得好像比例失衡一般，与它的身体长度很不协调。如果近距离观察它的脸，还会发现，它的脸皱巴巴的好像怪物一般。

蛇门伪装高手——鼻高蛇

伪装功力：★★

鼻高蛇又名高鼻腹蛇，主要分布于意大利东北部、土耳其、黎巴嫩和里海等地区。以小型哺乳类、鸟类、蜥蜴为食。雌性与雄性鼻高蛇的体色各有不同，雄性体色以灰色为主，

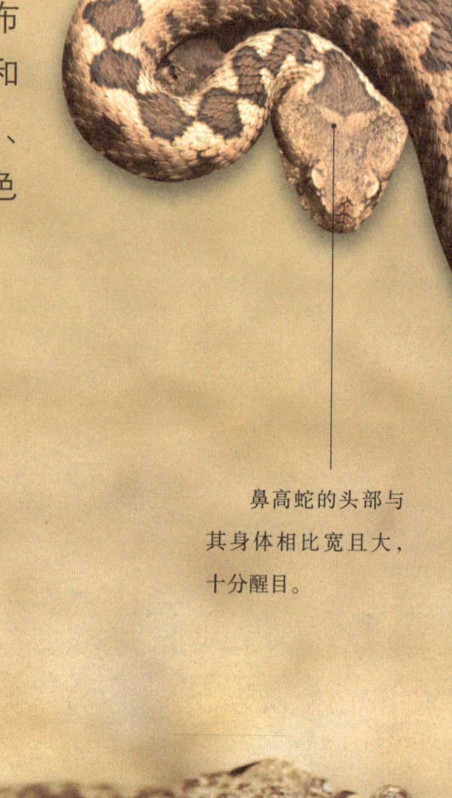

鼻高蛇的头部与其身体相比宽且大，十分醒目。

雌性则以茶色或茶红色为底色。躯体背部中央区域都具有黑色锯齿状或锁状的斑纹。由于栖息地多在日照充足且干燥的地方，为了保证自身安全，鼻高蛇常会在自身体色的基础上，改变自身颜色，使自己与周围环境的整体颜色协调一致。

智多星训练营

千万不要因为鼻高蛇身上的美丽花纹而动心想要去抓捕或触摸它们，鼻高蛇不仅能够通过自身变色伪装保护自己，它自身还能够分泌出一种有毒的液体，这种液体毒性十分强烈甚至可以致人死亡。

鼻高蛇栖息于各种不同的环境，喜欢干燥且日照充足的地方。

鼻高蛇的外吻部位有明显的突起，有9~20枚细小的鳞片。

与鼻高蛇同样具有类似花纹伪装的还有金环蛇，不同的是，金环蛇的花纹是呈黑黄间隔的带状。

作为与鼻高蛇一样的强毒性蛇类，响尾蛇身上也有着好看的菱形花纹。

毛虫——低调的伪装

伪装功力：★★★

毛虫因柔软多汁成为许多鸟类理想的美餐，如果不练就足够的自我保护本领，是很难在大自然中占有一席之地的。为了避免成为其他动物的腹中餐，毛虫十分擅长“偷窃“，它们从植物中窃取毒素，从而拥有了致命的毒刺。情况危急时，毛虫会做出凶恶无比的假象以阻止敌人攻击，伪装成小蛇的姿态，结果就连比它们体形大得多的鸟儿，也只能看着这些“小蛇”望而却步。还有一些毛虫会把自己伪装成鸟粪一样的形状，以此来躲避鸟类的袭击。

毛虫呈圆柱形的身体共有13节，且身体上有3对胸足和数对腹足。

毛虫头的两侧各有6只眼，它的触角很短，腭很强壮。

智多星训练营

地球上最可怕的毛虫生活在夏威夷地区。它们不再是其他动物口中的猎物，相反成了狡猾的杀手。伪装成了它们捕猎的幌子，它们借助天衣无缝的伪装，捕捉一些比自己小的昆虫作为粮食，是世界上唯一一种吃肉的毛虫。

隐匿于海草中的海龙

伪装功力：★★★

海龙全身呈长条形而略扁，中部略粗，尾端渐细而略弯曲，长20～40厘米，中部直径2～2.5厘米，海龙的动作比较慢，全靠一般的伪装，才得以逃过那些饥肠辘辘的探食者。海龙全身布满了黄绿色的条纹，向外延伸的肢体形状与叶子相似，同四周的海藻浑然一体。海龙游动时，身体摇摇晃晃，上下起伏，仿佛在水里浮动的海藻一般摇曳。

海龙头部长有管状的长嘴，嘴的上下两侧都有细齿。

海龙全年皆可产卵，与大多数动物不同的是，海龙幼体的养育工作主要由“父亲”负责，而“母亲”只负责将卵产于“父亲”的“育口袋”中。

智多星训练营

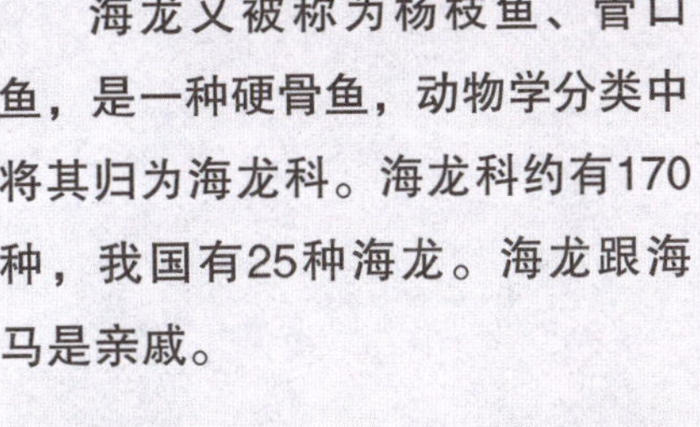

海龙又被称为杨枝鱼、管口鱼，是一种硬骨鱼，动物学分类中将其归为海龙科。海龙科约有170种，我国有25种海龙。海龙跟海马是亲戚。

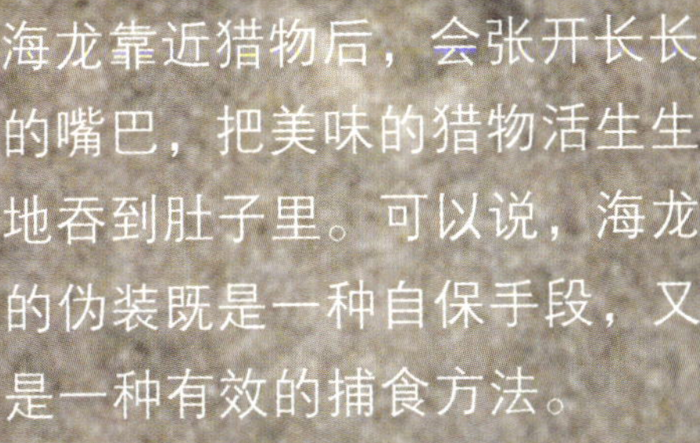

海龙靠近猎物后，会张开长长的嘴巴，把美味的猎物活生生地吞到肚子里。可以说，海龙的伪装既是一种自保手段，又是一种有效的捕食方法。

海龙身体中部以上有5条突起的纵棱，中部以下则有4条纵棱，在身体上有圆形突起的花纹，而且还有细横棱。

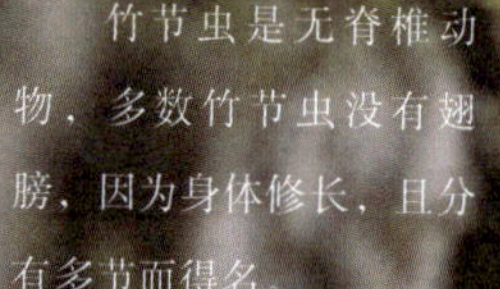

竹节虫是无脊椎动物，多数竹节虫没有翅膀，因为身体修长，且分有多节而得名。

竹节虫的头呈卵圆形略扁，下口式。它的复眼很小，呈卵形或球形，稍有突出。

大部分竹节虫身体细长，类似植物枝条的形状。

智多星训练营

竹节虫保护自己的办法当然不仅拟态一种。它除了能够根据光线、湿度、温度的差异改变体色，让自身完全融入到周围的环境中，使鸟类、蜥蜴、蜘蛛等天敌难以发现它的存在而保全性命以外，竹节虫还有一手绝招：只要树枝稍被震动，它便坠落在草丛中，收拢胸足，一动不动地装死，然后伺机偷偷地溜之大吉。

竹节虫有6条足，有的细长，有的扁长，前足在静止时自然向前伸长。

竹节虫的“变身术”

伪装功力：★★★★★

生活在竹林里的竹节虫，体长30多厘米，是世界上最长的昆虫。它们行动迟缓，为了保护好自己，一般白天都静伏在树枝上，晚上出来活动，取叶充饥。白天的时候，它们只是静静地待在树上。竹节虫伪装十分巧妙，当它趴在植物上时，能以自身的体形、体色与植物形状、颜色相互吻合，活像一枝枯萎的树枝或竹枝，乍看上去很难分辨。竹节虫这种奇特的隐身生存行为，要比其他善拟态的昆虫技高一筹，此项隐身术之桂冠当然应为竹节虫所拥有。一般情况下，竹节虫不会被敌人发现，如果一旦被发现，它便会突然闪动彩光以迷惑敌人。然后趁敌人不备，转身逃走。

拥有无价之宝的鹿

鹿大都生活在森林中，以树芽和树叶为食，是世界上珍贵的野生动物，全身是宝。自古以来，鹿产品尤其是鹿茸，一直是深受欢迎的长寿补品。在鹿的身上，这种资源绝对是循环再生的。

一般雄鹿有一对角，但雌鹿没有角。鹿茸会随着鹿年龄的增长而长大，长到一定时间后，鹿茸便会一点点地失去水分，随着与树干的不断摩擦逐渐减小，

鹿角的再生过程结束，然后在秋天的交配季节后新的脱落循环将再次开始。人们根据这一生长状况，不仅进行了鹿的人工培育，而且采用活鹿取茸（对鹿不会造成伤害）的办法获取鹿茸，造福人类。

白唇鹿只产于青藏高原，是一种高山区的动物，一般生活在海拔三四千米以上的山地，夏季甚至能上升到5 000米，活动于高山灌丛或高山草甸区。

鹿角每年都会脱落，随后又生出新的。整个脱落过程仅仅需要2~3周就可以完成，再生的阶段发生在夏天。

智多星训练营

鹿茸不同于牛角，它中间不是空的，里面包含结实的骨组织。在生长阶段，鹿角表面被一层绒毛覆盖，这些绒毛中充满血管，为鹿角的生长提供维生素和矿物质，促进鹿角生长。鹿角生长2~4个月后，绒毛就没有用了，里面会生出一个环状物，能有效地作为一个栓阀，组成鹿角的基础，切断对鹿绒的供血。然后鹿绒就会干涸，在鹿用角和树皮摩擦的过程中逐渐减少，进入下一个鹿茸生长周期。

壁虎的体背扁平，身上排列着粒鳞或杂有疣鳞。

壁虎指、趾端扩展，下方形成皮肤褶襞，密布有腺毛，具有很强的黏附力。

断尾求生的壁虎

壁虎主要栖息于山岩或荒野的岩石缝隙、石洞或树洞中，大部分体长为3～15厘米。在自然界中，对于像壁虎这样体形不大、又不具备很强杀伤性的动物，自卫策略就显得尤为重要了。壁虎的尾椎骨中有光滑的关节面，可以将前后半个尾椎骨连接起来，而这个位置的肌肉、皮肤、鳞片比其他位置的薄，也更松懈，所以在尾巴受到攻击时，壁虎就可以通过剧烈摆动它的身

壁虎的眼睛上有一层透明的保护膜，瞳孔纵置并常分成数叶。

体来撕裂关节面处的尾椎骨，通过断尾的办法来逃避敌害。壁虎刚断下来的尾巴的神经和肌肉尚未死去，会在地上颤动一段时间，可以起到转移天敌视线的作用，为壁虎的逃生拖延时间。

智多星训练营

壁虎在断尾以后，自残面的伤口很快就会愈合，还会形成一个尾芽基，这个部分经过一段细胞分裂增长时期以后会转入形成鳞片的分化阶段，最后长出一条崭新的再生尾，但是这条新尾巴与原来的尾巴相比，显得短而粗。壁虎只会在十分危急的情况下才会断尾逃生，因为断尾不仅使其失去了尾巴上储存的脂肪，而且还因此使壁虎失去了它在同类中的地位。

壁虎分为蹼趾壁虎和无蹼壁虎两种，蹼趾壁虎趾指间有蹼连，无蹼壁虎趾指分裂无蹼连。

壁虎的指趾具有黏附能力，能在墙壁、天花板或光滑的平面上爬行。

普通夜行性壁虎的瞳孔多数是竖起来的，呈椭圆形。

大壁虎是壁虎中体形最大的一种，外貌与普通壁虎类似，头较大呈扁平的三角形。

蚯蚓身体前端稍尖，后端微圆，在前端有一个分节不明显的环带。

不死蚯蚓

蚯蚓实在不是一种长相可爱的动物，但如果因为你讨厌它就把它一分两半那就大错特错了——蚯蚓是一种特殊的再连动物。将一条蚯蚓在中间切成两段，蚯蚓不但不会死去，它体内的细胞反而会开始增长，随着细胞的不断增生，蚯蚓缺头一截的切面上，会长出一个新的头来；缺少尾巴一截的切面上，会长出一条尾巴来，一条蚯蚓就这样变成两条完整的蚯蚓了。但是要想蚯蚓断身不死，千万不能将它“碎尸万段”，因为只有留有蚯蚓头或尾其中的一部分，蚯蚓断开的身体才能生长出新的个体来。

智多星训练营

蚯蚓的运动和排泄物对改善土壤的质量非常有益，不仅可以增加土壤里有机质的含量还可以改善土壤结构，更能促进酸性或碱性土壤变为中性土壤，增加磷等营养成分，还可以使土壤的透气性保持良好，有利于土壤保持健康状态，对农业有重要作用。据统计，一只健康的蚯蚓每年能翻土20～40吨。

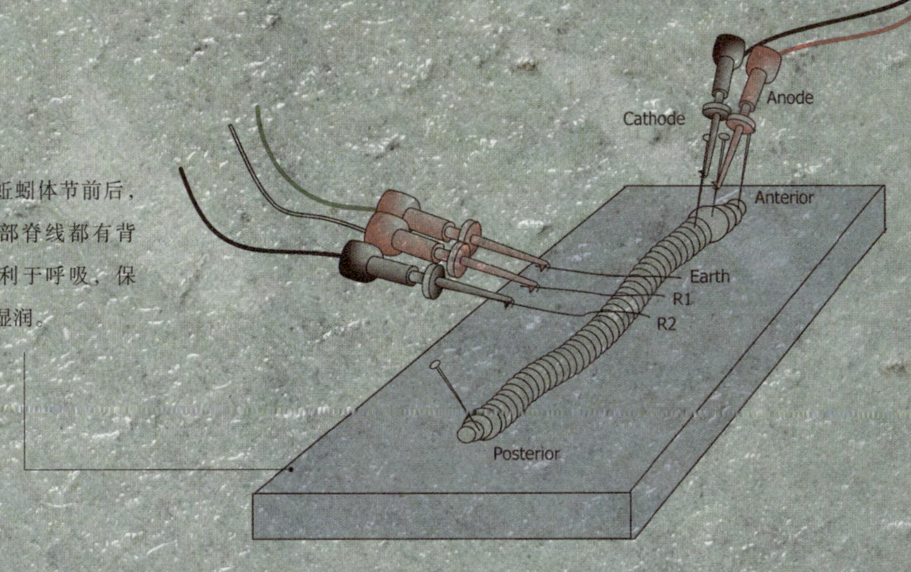

白蚯蚓体节前后，各节背部脊线都有背孔，有利于呼吸，保持身体湿润。

蚯蚓腹面颜色较浅，大多数体节中间有刚毛。

蚯蚓身体呈圆柱状，细长，各节形状相似，两节之间有节间沟。

水螅身体能够附着在物体上的一端被称为基盘；另一端有口，端口周围有6~10条布满刺细胞的细长触手，主要作用是捕获食饵。

水螅的幻生术

作为一种生物，有永生不死的可能吗？当然有！水螅就是杰出代表之一。作为最简单的多细胞生物，水螅有着典型的动物细胞，尽管这些细胞生命短暂，会不断地衰亡脱落，但是，其内部的细胞、干细胞却能永远分裂补充，以此来替代任何老化或已完成使命的细胞。在这个更新过程中，所有细胞甚至神经细胞也被更换。细胞增生、分化和迁移总在不停地发生，由此看来，水螅是一个永久的胚胎，虽然在这其中，很多细胞会死亡，但细胞团总是活的，所以水螅能呈现出永生不死的生命状态。

智多星训练营

水螅是一种多细胞无脊椎生物，多见于海中，少数种类产于淡水。水螅身形很小，一般只有几毫米。仔细观察会发现，水螅的身体是呈辐射状对称的，就是说水螅身体由口到基盘中轴，可由许多个切面把水螅的身体分为两个相等的部分。这是腔肠动物对水中固定或漂浮生活的一种适应性表现。

许多螅形类的水母期保留在水螅体群体上，群体一般高5～500厘米，有分枝，上生有水螅。

水螅主要依靠基底附着在物体上滑动，或以似“翻跟头”的方式进行运动。

生命力顽强的海绵

没有心、没有肝、没有肺、没有脑，浑身上下都是洞，即便如此，海绵却拥有动物界中最强悍疯狂的再生能力。如果把海绵剁成碎块扔进海里，这些碎块每一块都能长成一团新海绵，如果把两种不同的海绵捣成类似饺子馅一样的糜状，然后搅拌混合在一起，两种海绵的细胞会蠕动着找到自己的同类，重新生成两个新海绵。它的细胞要比人类的细胞独立得多也坚强得多，就和它的单细胞祖先一样。

海绵看上去像一种植物，但它实际上是一种低等动物。

智多星训练营

海绵没有嘴，没有消化腔，也没有中枢神经系统，目前被认为是最原始、最低等的水生多细胞动物。生活在海水中的海绵，多数是灰黄色、褐色或黑色的块状物。有着“海中的花和果实”之称的海绵，看上去像是植物，而实际上却是一种动物。

海绵的体表有许多突起，突起的旁边有许多小孔，突起的顶端有一个大孔，用于排水。

生活在海水中的海绵，多数是灰黄色、褐色或黑色的块状物

海绵是最原始的多细胞动物，两亿年前就已经生活在海洋里，至今已经有1万多种，占海洋动物种类的1/5，绝对是一个庞大的“家族”。

海绵的体壁上有许多小孔，既有入水孔，也有出水孔，所以也有人将其称为“多孔动物”。

章鱼再生记

章鱼是一种很聪明的动物，如果遇见自己斗不过的敌人，章鱼就会将自己的触角给敌人吃，然后自己赶快逃命。到了冬季，章鱼的食物很少，就会自给自足地吃自己的触角，以此来保证自身需要。有些雄性章鱼的交接腕在与雌性章鱼进行交配的过程中会与身体断裂，进而损失部分触角，但是不用担心，章鱼的触角有很强的再生能力，即使失去了触角，只需要十几天便能重新长出来。

章鱼会将水吸入外套膜，呼吸后，将水通过短漏斗状的体管排出体外

智多星训练营

会变色的不只有变色龙，在海洋中生活的章鱼也能够变色。而且章鱼变色的能力在所有的海洋动物中是首屈一指的，它一次可以变出六种颜色。章鱼的身体能改变颜色使之与周围环境几乎一致，让敌人很难发现它的存在，以此躲避敌人的侵犯。

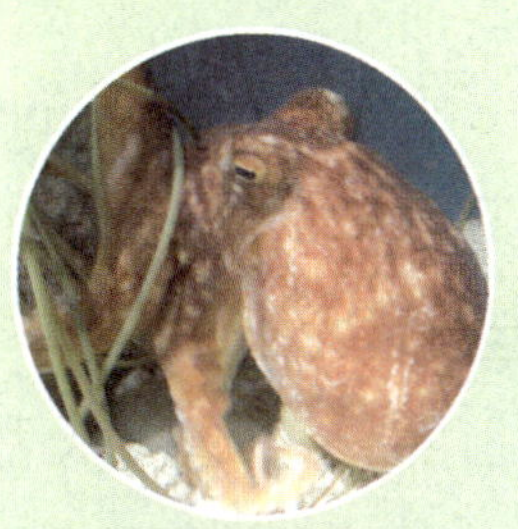

全世界章鱼种类约有650种，它们的体形大小相差极大，最小的身长只有大约5厘米，最大的却可以达到6米。

章鱼在休息的时候，总有一两条腕在值班，值班的触腕会不停地向四周摆动，高度警惕有无“敌情”，如果外界轻轻触动了它的腕，章鱼就会立刻跳起来。

章鱼腕的基部与蹼状组织相互连接，其中心部位有口。

章鱼的身体呈囊状，头与躯体分界不明显，上有大的复眼及8条可收缩的腕，每条腕均有两排肉质的吸盘。

海参的求生本能

海参是一种依靠肌肉伸缩爬行的动物，每小时只能前进4米。毋庸置疑，这种前进速度比蜗牛还慢的海参在海洋中绝对是“弱势群体”。为了能够安全地生活在海洋中，海参练就了再生的本领。只要水温和水质适宜，即使海参被天敌吃掉一半，也可以在几个月后就重新长出全部身体，但前提是剩下的一半必须有头部或肛门，因为海参的生长细胞集中于这两个部位。当海参遇到敌人实在无法脱身时，它就会将身体急剧收缩，并将内脏器官迅速地从肛门抛向敌人，然后迅速逃走。而只要经过几个星期，海参体内就会长出新的内脏来。

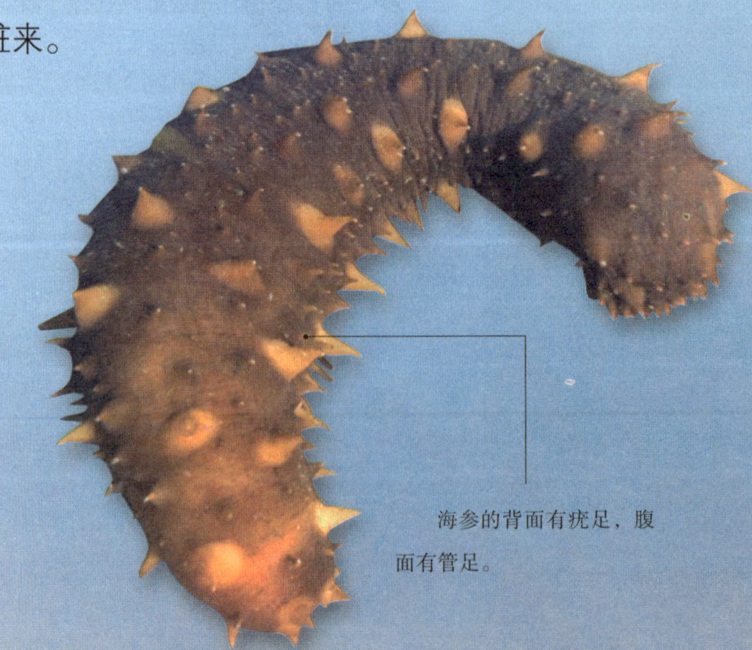

海参的背面有疣足，腹面有管足。

海参在地球上的繁衍时间比原始鱼类更早，大概在六亿多年前的前寒武纪时代就已经存在了，是现存最早的生物物种，有“海洋化石”之称。

海参的身体呈圆筒状，有发达的触手。

智多星训练营

听说过冬眠的你，听说过“夏眠”吗？像海参这样，生活在海洋里的很多生物都会“夏眠”。这是因为入夏以后，上层海水由于太阳光强烈，温度会变高。这时，海底里的小生物都浮到海面，进行着一年一度的大量求食和繁殖。

而留在海底里的海参，此时失去了食物的供应，生活寸步难行，为了保持体力，只好进入夏眠。

能"发电"的电鱼

提到"发电"，你最先想到的是什么？水力发电？火力发电？风力发电？核能发电？总之，你不会想到鱼会发电吧。事实上，鱼类也是能够发电的，电鳐就是一种能够"发电"的电鱼。可不要小瞧电鳐"发电"的威力，它头胸部的腹面两侧各有一个肾脏形蜂窝状的发电器，发电器排列成六角柱体状，人们称之为"电板"柱。电鱼的身上共有2 000个这样的"电板"柱，有200万块"电板"。这些"电板"之间充满了胶质状的物质，能够起到绝缘作用。

智多星训练营

大家好！我是小鱼。在我们鱼族中，有一位深具潜能的鱼者，它一直没有公开自己的独家秘诀，今天就让我带领大家一起揭开这位鱼者的神秘面纱。这位深具潜能的鱼者就是处世低调的电鳐，它不仅能够发电，还能够随意发电，发电的时间和强度都能够自己掌控。电鱼可以发出50安培的电流，电压达60~80伏，被称为海中"活电站"，真是令人称赞！

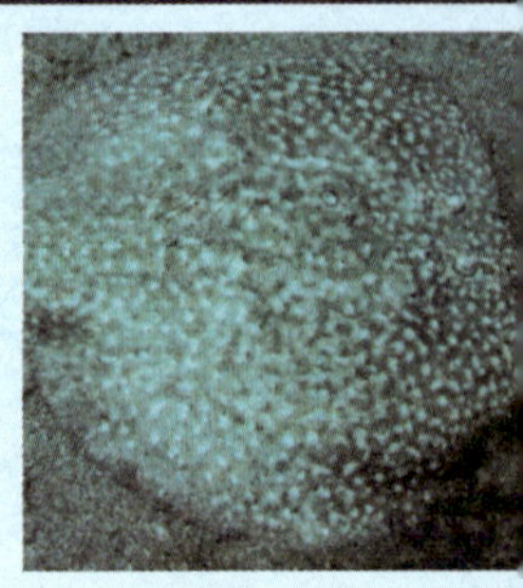

每个“电板”的表面分布有神经末梢，一面为负电极，另一面则为正电极。电流的方向是从正极流到负极，也就是从电鳐的背面流到腹面。在神经脉冲的作用下，这两个放电器就能把神经能变为电能，于是便可以放出电来。

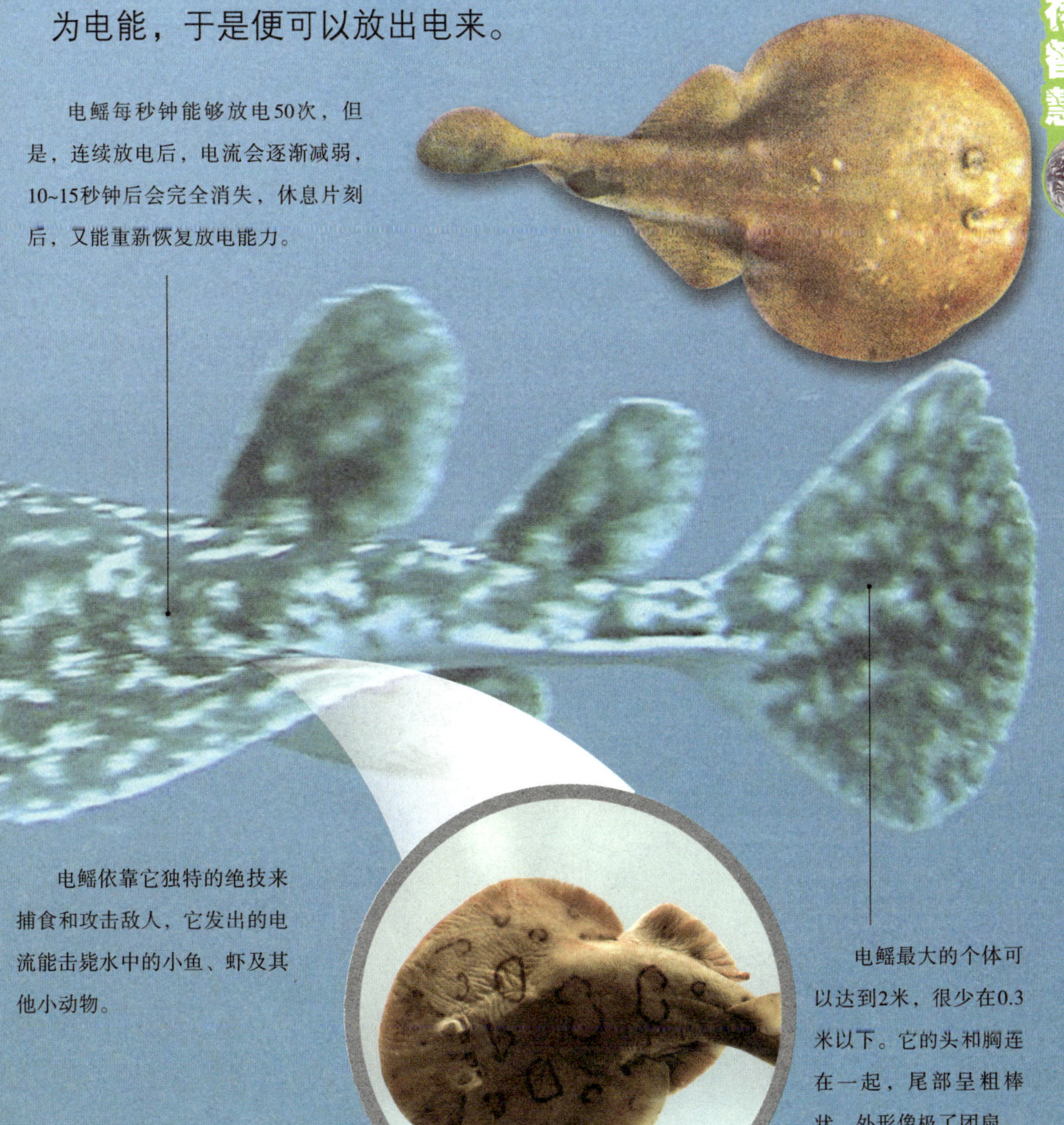

电鳐每秒钟能够放电50次，但是，连续放电后，电流会逐渐减弱，10~15秒钟后会完全消失，休息片刻后，又能重新恢复放电能力。

电鳐依靠它独特的绝技来捕食和攻击敌人，它发出的电流能击毙水中的小鱼、虾及其他小动物。

电鳐最大的个体可以达到2米，很少在0.3米以下。它的头和胸连在一起，尾部呈粗棒状，外形像极了团扇。

用超声波定位的动物

大家在物理课上一定听过超声波这个术语，所谓超声波，就是频率高于20 000赫兹的声波，它方向性好，穿透能力强，易于获得较集中的声能。您肯定会问：这与动物有什么关系呢？原来，在动物界，有一些动物能够用超声波定位。可爱的狗狗可以听到一些超声波，所以，训练员可以用超声波哨子呼唤他的犬。超声波对于蝙蝠更为重要，它就是靠超声波来“看”世界的！蝙蝠喉头发出的超声波可以从嘴巴和鼻子中以声波脉冲的方式发射出去，

蝙蝠也需要冬眠，但冬眠的深度不大。有时它们在冬眠期也会进食，即使冬眠中途被打断也能马上恢复正常。

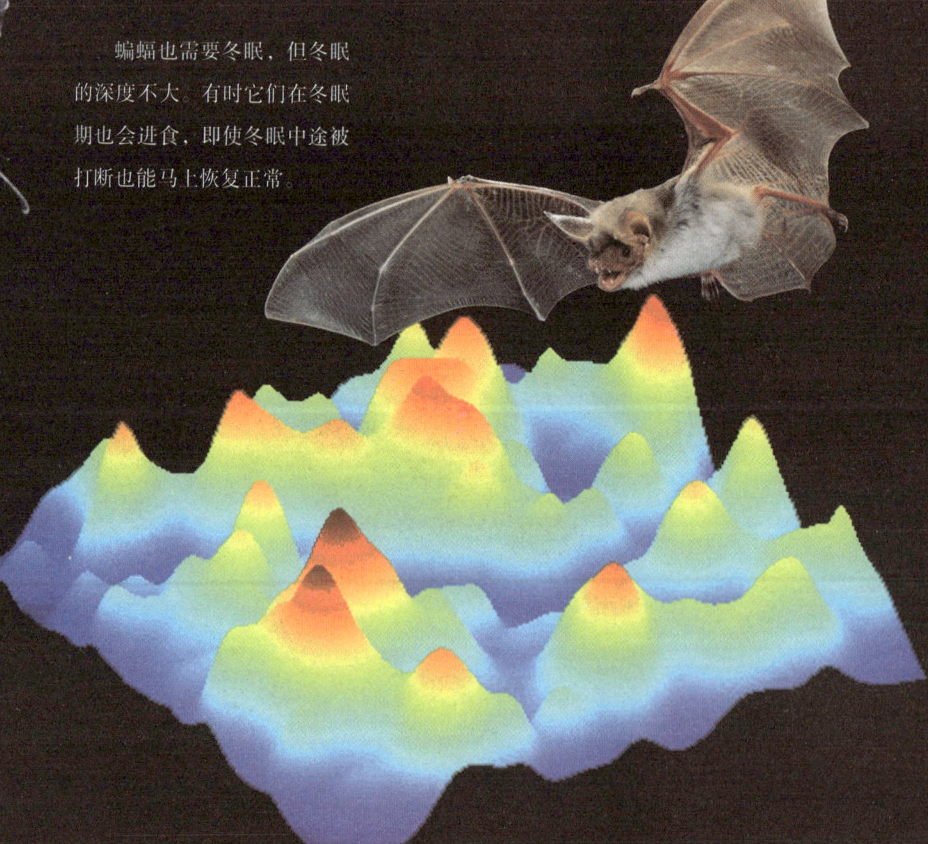

超声波在遇到固体后能够折回，蝙蝠的耳朵接收后，这些超声波被传入大脑，蝙蝠的大脑处理声波后，就会形成反映四周地形的声波图，这样大脑就可以指挥蝙蝠做出下一步的行动了。

智多星训练营

超声波是指任何波或振动，其频率超过人类耳朵可听最高阈值20 000赫兹。超声波在介质中前进时所产生的效应，可引起机体很多反应。因此，超声波被广泛地应用于机械作用、空气作用、工矿业、农业、医疗卫生等众多领域。

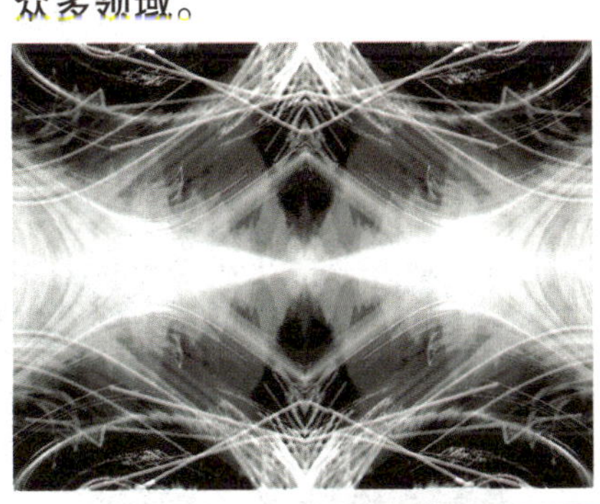

BATS TAKING OFF FOR
INSECT SNACKS

蝙蝠是夜行性动物，通常为群体活动，可达百万只，有些温带地区的种类在冬季前会有迁徙行为

大部分种类的蝙蝠以昆虫为食，其中有相当一部分以害虫为食；有些蝙蝠爱食花粉、花蜜，这又有利于花的授粉。

蝙蝠在休息时总是倒挂着睡觉。它们的足腱构造极为特殊，能够深深钳握住岩壁，即便在死后也能维持这个姿态。

猫的趾底有脂肪质肉垫，因而行走无声，捕鼠时不会惊跑老鼠，其趾端生有锐利的爪，爪能够自如地缩进和伸出。

目前，超声波治疗是医学界最有效果的治疗方法之一。那你知道这一科学治疗技术是怎样发明的吗？原来，其最大的功臣便是动物的超声波感知功能。莫斯科的一位医学副博士伊琳娜·格奥尔耶夫娜家里养了一只名叫“橙子”的棕红色毛茸茸的猫。“橙子”在家里一直是我行我素，对女主人很冷淡。但是，只要伊琳娜伤风感冒，“橙子”便跑去躺在她的怀里，一声接一声地打呼噜。有时候，伊琳娜自己还没有觉察到自己要感冒，“橙子”便开始这样做了。差不多两天的时间，伊琳娜就会痊愈。其实，猫的呼噜声中含有人们听不到的超声波，能够引起肺部振荡，产生消炎作用。

猫的身体分为头、颈、躯干、四肢和尾五部分，大多数全身被毛，少数为无毛猫。

猫的牙齿分为门齿、犬齿和臼齿。犬齿特别发达，尖锐如锥，适于咬死捕到的鼠类；臼齿的咀嚼面有尖锐的突起，适于把肉嚼碎；其门齿不发达。

对于狗，您很了解吗？您肯定会说："当然了！我与我的狗狗朝夕相处，怎么会不了解呢。它聪明可爱，而且绝对忠诚。"但是，您知道狗也是科技达人吗？它拥有着超高的科学技术，而且与超声波和次声波有关。您一定很惊讶吧！事实上，不同的动物可听到的声波频率范围不尽相同。狗的听觉范围在15～50 000赫兹，而超声波是指大于20 000赫兹人类听不见的声音，次声波是指小于20赫兹人类听不见的声音。狗既可以听到超声波，又可以听见次声波，因此，训练员可以用超声波哨子来训练他的爱犬，并呼唤它们。

狗是一万多年前由狼驯化而来，有着比人类灵敏1 000倍的嗅觉。

狗的消化道比食草动物要短，狗胃内盐酸含量在家畜中居于首位，加之肠壁厚、吸收能力强，所以容易且适宜消化肉食食物。

狗喜欢被人爱抚颈部和背部。但是我们尽量不要摸狗的头顶，因为这样会让它感觉到压抑和眩晕。此外，狗的屁股和尾巴也摸不得。

海豚似乎永远在不眠不休地四处游动，它们用肺呼吸。若在水中保持不动地睡觉，海豚将因无法呼吸而死。不过海豚也不是完全不睡觉，它们在游泳时，有时会闭上其中的一只眼睛，此时它们就是在睡觉。

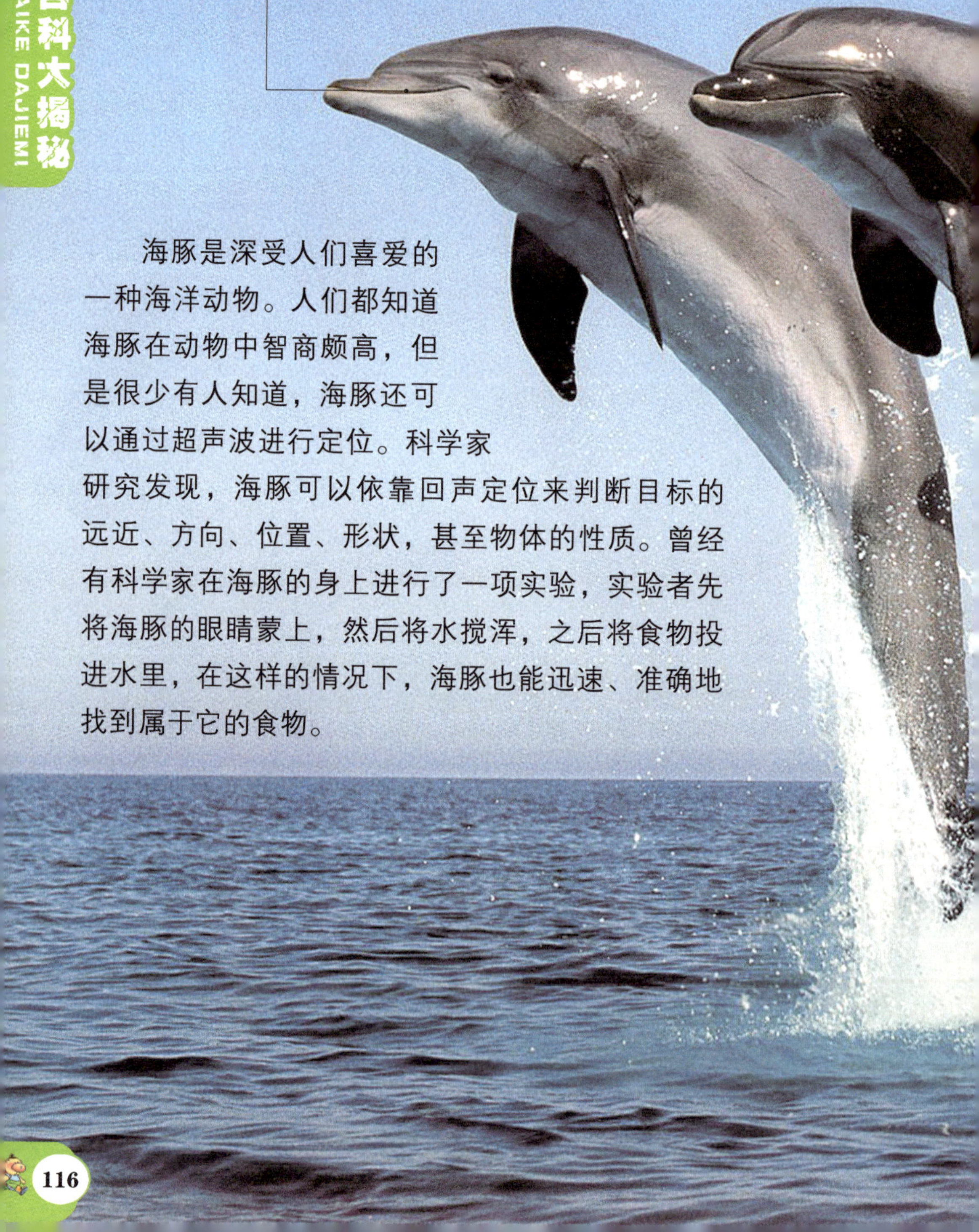

海豚是深受人们喜爱的一种海洋动物。人们都知道海豚在动物中智商颇高，但是很少有人知道，海豚还可以通过超声波进行定位。科学家研究发现，海豚可以依靠回声定位来判断目标的远近、方向、位置、形状，甚至物体的性质。曾经有科学家在海豚的身上进行了一项实验，实验者先将海豚的眼睛蒙上，然后将水搅浑，之后将食物投进水里，在这样的情况下，海豚也能迅速、准确地找到属于它的食物。

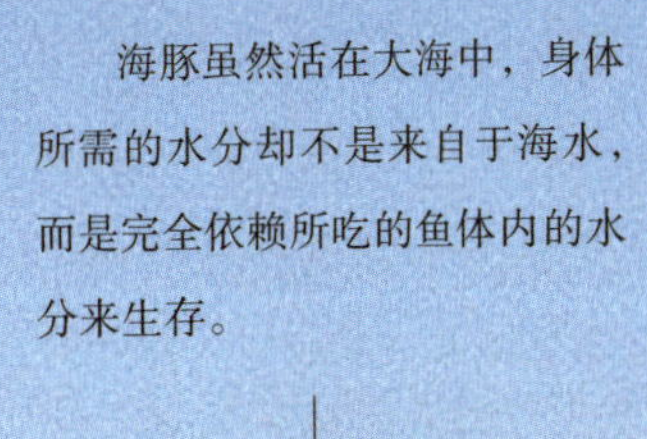

海豚虽然活在大海中，身体所需的水分却不是来自于海水，而是完全依赖所吃的鱼体内的水分来生存。

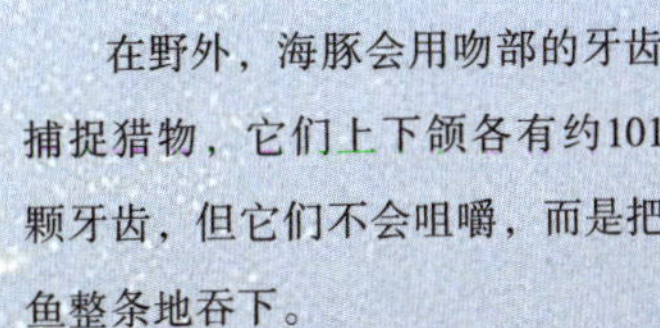

在野外，海豚会用吻部的牙齿捕捉猎物，它们上下颌各有约101颗牙齿，但它们不会咀嚼，而是把鱼整条地吞下。

智多星训练营

海豚的超声波还是它们之间的交流语言，科学家研究发现海豚在交谈时，都表现得极有涵养，一只海豚在说话时，另一只总是洗耳恭听，从不中途打断。有人做过一个实验，让两只海豚在相距8 000多米的距离通过一种特殊装置进行水下通话，有趣的是，当一只海豚听到另一只海豚的声音时，便立刻聚精会神地倾听起来，听完之后，才开始答复。两只海豚就这样你一“言”、我一“语”地友好地“交谈”了很长一段时间。

金猫一般都生活在山区，在云南等地甚至能栖于海拔3 000米以上的高山地带。金猫主要生活在较密的山地丛林中，或者多岩石的地带。

“活雷达”——金猫

它是独居动物，它是夜猫子，它的行踪诡秘异常，它善于爬树，它具有极强的耐寒性，它性情凶猛，它仅以肉类为食，它拥有着敏锐的听觉，可以听到来自四面八方的微小的声音，它能够探测远距离的目标，它被称之为“活雷达”，它是真正的科技达人，它就是一种中等体形的猫科动物——金猫。

金猫属于猫科，别名为原猫、红椿豹、芝麻豹、狸豹、乌云豹。它四肢粗壮，身体强健有力，体毛多变。

智多星训练营

在中国古代的文化典籍中，有一种排在虎豹之间的神秘动物——彪。评书中的昆仲兄弟常常用“龙虎彪豹”来排名，例如《连环套》中窦尔敦手下的贺氏四杰。虽然人们非常熟悉彪，但彪的形象却鲜有人知道，实际上，彪就是金猫。金猫的脸上布满了美丽的花纹，人们把“彪”字当做会意字来理解，显得非常生动，汉字中三个撇十分形象地描绘出了金猫的大花脸。

金猫比云豹略小，体长80～100厘米，尾长超过体长的一半，体重为12~16千克。

金猫的体毛多为棕红色或褐色，斑点通常只在下腹部和腿部出现。

背着微型雷达的蝴蝶

生物学家为了研究一些生物的习性特点，常常在动物的身体上安装一些观测仪器，但是对于像蝴蝶这样“娇小”的昆虫来说，安装仪器着实是一件令人头疼的事。科学家们通过不断的尝试，终于研制出了一种长约1.5厘米、重约12毫克的微型雷达，将这个雷达直接粘在蝴蝶背上，可以准确地观察蝴蝶的生活习性。安装上微型雷达的蝴蝶虽然看上去只是多了一根触须，却可以被跟踪出准确的飞行路线。

智多星训练营

安装上微型雷达的蝴蝶不会改变飞行、觅食、求偶等方面的习性。科学家通过雷达跟踪发现，看似漫无目的的蝴蝶，其实飞行起来相当有规律：它们的飞行速度约为每小时16.9公里，飞行路线则是一环一环相连的不规则圆圈。

蝴蝶的翅膀被扁平的鳞状毛覆盖，这些鳞片不仅能使蝴蝶看起来艳丽无比，而且还起到“雨衣”的作用，因为鳞片里含有丰富的脂肪，能把蝴蝶的翅膀很好地保护起来。

体形最大的蝴蝶是澳大利亚的一种蝴蝶，展翅可达26厘米；最小的是灰蝶，展翅只有15毫米。

多数蝴蝶都会设法将自己艳丽的颜色隐藏起来，但有一种情况例外，蝴蝶在交配的季节会变得鲜艳夺目，试图引起异性的注意。

蝴蝶的腹面后翅根部呈弧形，没有翅缰。这样有助于飞行速度的提升，也正是因为这样，蝴蝶白天的飞行速度普遍比蛾类快。

有的蝴蝶虽然十分美丽，但并不意味着它们友善，它们恰恰是用这些绚丽的色彩来警告捕食者注意自身的毒性。

全世界的蝴蝶大概有14 000余种，大部分分布在美洲，其中以亚马孙河流域品种最多。

有一种蝴蝶，它拥有着梦幻般的色彩，其翅脉间的组织是透明的，它就是从来都“隐身不上线”的透翅蝶。像其他拥有透明翅膀的蝴蝶和飞蛾一样，它的翅膀薄膜没有色彩也没有鳞片覆盖，这使得它们看上去是透明的。这种透明度有助于这种原产于南美热带雨林的透翅蝶能够轻易地逃离捕食者的视线。虽然透明蝴蝶对人们来说很稀奇，但它在原生地的数量并不稀少，所以未被列入稀有物种。

蝴蝶翅膀的鳞片里含有丰富的脂肪，能把蝴蝶保护起来，所以即使下着小雨，蝴蝶也能飞行。

智多星训练营

有一种说法，其中butter是指蝴蝶的颜色，fly这个词本来就是指能飞行的昆虫，而butterfly一词最先可能指的是源自南欧冬季过后，出现的一种带着硫磺色（合翅时较近于奶油色）的粉蝶。雄蝶前翅色泽橙黄，飞行时带起一道温暖的光线，被人们称为butter-colored fly。后来，这个词逐渐演变为butterfly，并被用来指所有种类的蝴蝶。

蝶类触角为棒形，触角端部各节粗壮，成棒锤状。口器是下口式；足是步行足；翅是鳞翅；属于全变态昆虫。

蝴蝶翅膀上丰富多彩的图案令人赞叹不已。但是，它们多彩的翅膀不仅仅是为了让人们大饱眼福的，更为重要的作用是用来伪装和吸引配偶。

耳喇叭水母的边缘凹陷成8个辐腕，形成4对，各腕上着生35～60条次级触手。

会发光的耳喇叭水母

耳喇叭水母具有高度发达的发光器，像眼睛那样具有能集光的晶体，可以用来增加亮度。每到生殖时节，它们便会在夜间游到海面，通过发光来吸引自己的异性伙伴。但它们发光的形式不同，雌性耳喇叭水母连续发光，而雄性耳喇叭水母发闪光。一般说来，雌性的先游到海面，形成一片较大的发光体，用它来引诱异性。如果在雄性耳喇叭水母到达之前，雌性耳喇叭水母失去了光亮，那么，

智多星训练营

耳喇叭水母萼部类似圆锥形，一般高16毫米，最高可达20～30毫米，宽度直径12～15毫米，有4条发达的间幅肌束，萼部外表光滑。在萼部边缘，特别在感觉器附近有许多刺胞囊和腺细胞形成的白色斑点。口柄短，口有微折叠的4个小唇，在间幅位上有许多胃丝。

雄性耳喇叭水母就会停下来，并且发出闪光。当雌性耳喇叭水母再次发出亮光时，雄性耳喇叭水母再继续向它追逐，并与之发生交配。耳喇叭水母的这种“高科技”的发光特点不仅用于交配，还广泛应用于同类间的相互识别和交流。

耳喇叭水母主辐凹陷比间辐凹陷大，在每一个凹陷处有1个肾形的感觉器。

海蛤蝓看上去就像一只没有壳的蜗牛。

利用太阳能的海蛤蝓

阳光为地球带来了光明，给人类带来了能量，在神奇的自然界中，植物通过阳光进行光合作用，维持生长。但是你可能不知道，有一种神秘的动物，它们能够“吞食”阳光！海蛤蝓是一种囊

舌类海洋软体动物。它们主要分布于大西洋西岸从加拿大到佛罗里达的沿海海域。

海蛤蝓也被称为海蜗牛，主要以绿藻为食，它们不但能够把吃下的绿藻中所含的叶绿体贮存下来，还能对其加以利用，使之成为持久的食物来源。所以通常海蜗牛饱餐一顿后，可以接连几个礼拜甚至几个月不再进食。

智多星训练营

海蛤蝓的体形十分娇小。成年个体体长从1厘米到3厘米不等，没有壳，看上去活像一片翡翠般鲜绿的叶子，它的这种美丽色泽在动物界并不多见，周身的翠绿让它可以轻而易举地与藏身处的海藻天衣无缝地打成一片。这其实还要归功于它们喜欢吃的一种藻类，这种藻类植物中的色素使海蛤蝓身体的颜色逐渐变为浓绿，并终生保持。

海蛤蝓体形十分娇小，大多数身上带有好看的斑纹和图案

当海蛤蝓受到捕猎者的威胁时，便会向海中喷射一种云状的紫色分泌物，自己则趁机逃之夭夭。

图书在版编目（C I P）数据

动物的生存智慧 / 崔钟雷主编. -- 北京：知识出版社，2014.8

（奇趣百科大揭秘）

ISBN 978-7-5015-8179-5

Ⅰ. ①动… Ⅱ. ①崔… Ⅲ. ①动物 - 青少年读物 Ⅳ. ①Q95-49

中国版本图书馆 CIP 数据核字(2014)第 193085 号

奇趣百科大揭秘——动物的生存智慧

出 版 人　姜钦云

责任编辑　周玄

装帧设计　稻草人工作室

出版发行　知识出版社

地　　址　北京市西城区阜成门北大街 17 号

邮　　编　100037

电　　话　010-88390659

印　　刷　北京一鑫印务有限责任公司

开　　本　889mm × 1194mm　1/16

印　　张　8

字　　数　60 千字

版　　次　2014 年 9 月第 1 版

印　　次　2020 年 2 月第 3 次印刷

书　　号　ISBN 978-7-5015-8179-5

定　　价　28.00 元